菇菇
小學堂

150 種菇類觀察
入門圖鑑與小常識

北斗菇類綜合研究所
監修

張嘉芬 譯

走入大自然
探索菇菇的神秘殿堂

聽到「菇類」，大家腦海裡會想到什麼呢？美味的菜餚、有益健康的健康食品、繽紛的生活雜貨、電玩遊戲的角色、危險的毒菇⋯⋯想得到的菇類因人而異、五花八門。這代表了菇類的確早已深入你我的生活，呈現多種不同的面貌。然而，對於菇類究竟是什麼樣的生物，例如它的生態、歷史、栽培法等，恐怕就有許多人不是那麼清楚了。為了讓更多人了解這些滋味可口、外型可愛的菇類魅力，這本《菇菇小學堂》搜集了 150 種菇菇，當我們徜徉在大自然懷抱裡時，就可以試著找尋各種菇菇的踪跡；甚至在城市裡的公園、自家的後院等地，也別忘了翻翻那些不起眼的角落，或許就可以讓你發現一些可愛的菇菇呢！

本書是根據菇類檢定內容所推出的參考書，書中除了會分門別類，在各章介紹菇類相關知識，還有附圖介紹 150 種菇類的「菇類圖鑑」，書後還加入「菇類檢定」試題，出題範圍從菇類的物種特色，到菇類文化等，從各種不同角度測試你對菇類的知識。

菇類世界博大精深，期盼本書能成為帶領你一窺菇菇奧秘的殿堂。

編輯部

菇類常見術語

外菌幕 包覆在蘑菇類幼子實體的一層膜。子實體長大後，外菌幕就會破裂，在菌蓋表面或菌柄基部多會留有它的碎片。

菌孔 分布在牛肝菌或多孔菌的菌蓋內側的許多孔洞。菌孔內側會製造出擔孢子。

環紋 以菌蓋中央為中心所生長出來的環狀圖案。

假根 位於菌柄根部，外觀呈現如植物根鬚般的長條狀。

基部 菇類的根部

菌核 密生成團狀的菌絲。此處通常不會產生孢子，呈現休眠狀態。

菌根 真菌類的營養菌絲與植物根部共生的狀態。一般認為菇類和植物會在此互相提供養分。

菌絲 構成菇類的物質，由細長的細胞連成一列，外觀呈絲狀。

菌絲束 許多菌絲聚集成束的狀態。有時會在子實體的根部長成類似根鬚的形狀，但它們並不是植物的根。

菌輪 子實體長成環狀的狀態，又稱為仙女環（Fairy Ring）。

產孢組織 腹菌類裡的組織，內含製造孢子的細胞，又稱為產孢體。

群生 子實體成群生長的狀態。

原基 處於初期階段，尚未分化出菌蓋和菌柄的子實體。

管口 牛肝菌或多孔菌的菌孔及其周邊部分，孢子會從此處散出。

溝紋 常出現在菌蓋等處的溝狀凹紋。

散生 子實體四散生長的狀態。

子實層 位在子實體上，有孢子生長成層的組織，擔子和子囊就是在此產生。

子實層體 由子實層組成。在擔子菌類當中是指菌褶、菌孔、齒針、假菌褶等部位。

子實體 真菌類製造孢子的器官，一般通稱為「菇」。

囊狀體 位在擔子菌類菌蓋、菌柄、菌褶和菌孔表面的細胞當中，形狀和大小與迥異於其他的一種細胞，英文是 cystidia。

子囊 生長在子囊菌類上，是一種裝有孢子的袋狀細胞。

條紋 菌蓋周邊的放射狀紋路，不如溝紋明顯。

食用真菌 可食用的菇類。

假菌褶 子實層體呈現脈狀～皺褶狀的狀態。

成菌 子實體成長至菌蓋完全張開的狀態。

簇生 子實體叢聚生長。

擔子器 擔子菌類上的一種細胞，位於子實層，可製造擔孢子。

擔子菌 擔子器製造擔子孢子的真菌類，統稱擔子菌。一般通稱為「菇」者，幾乎都屬於擔子菌類。

擔孢子 擔子菌類從擔子器製造出來的孢子。通常一個擔子器可製造四個擔孢子。

單生 子實體單獨生長。

齒針 位於齒菌類等真菌類的菌蓋內側，呈針狀下垂的部分。孢子會在它的表面生成。

孢子 真菌類及蕨類植物等所製造的一種生殖細胞。

段木 植有菇菌的木頭，用以栽培菇類。幼菌 子實體幼小，菌蓋尚未張開的狀態。

目錄

菇類圖鑑

根據資料顯示，全世界發現的菇類約有 14,000 種，可食用者超過 2,000 種以上，然而經過馴化可成功種植的大概在 100 種左右，其中具經濟價值的菇類約為 40 多種，但真正可商業化栽培的，不過約 20 多種而已。

本書選出日本的 150 種菇類，依其形狀、生長期、生長環境或地點、有無毒性等項目匯整介紹。此外，菇類基本上不宜生食，野生菇類更應充分加熱過後再食用。

菇類分類方法

　　長期以來，真菌類的分類方式，都偏重在它們的形態和生態。後來由於 DNA 分析技術的演進，可測出生物之間在遺傳上的距離，因此真菌類的分類體系又經過一番大規模的調整。在真菌界當中，菇類是屬於擔子菌類和子囊菌類，詳細內容皆已刊載在第 112 頁。而這種分類方法，就是依 DNA 分析所擬訂的最新分類標準來分類。目前我們這個分類法，雖是在傳統的形態分類上，反映最新的 DNA 分類概念，再加以整理而成，但分類方法會依時代和學者觀點而有所不同，因此它和研究結果都還是有可能在日後出現大幅變動。

科別目次

菇類圖鑑閱讀指南

自第 42 頁至第 103 頁，將介紹 150 種菇類。刊載頁面大小與檢定時的難易度有關，故請參照檢定內容之詳細說明（P.155）。

菇類名稱
學名
分類
別名

基本資料

食物毒性

小常識
介紹與本欄菇類有關的小常識

菇菇專欄
介紹與菇類有關的各種話題

食物毒性標示

可食用 …可供食用，但部份菇類生食後會引發食物中毒，需特別留意。

有毒 …原則上都是已釐清毒性成分的菇類。部分菇類雖仍未釐清毒性成分，但中毒事件頻傳，為提醒讀者特別留意，故歸類在此。

中毒 …雖未釐清毒性成分，但已發生過中毒事件，或有中毒疑似中毒情形。

不宜 …雖無毒性，但口感過硬，不宜食用，或口味不佳，甚至是尚未釐清有無毒性者。

※ 請注意 標註「食用」的部分菇類，生食後會引發中毒反應，請務必特別留意。若是自行摘採來的野菇，在無法 100% 確定屬於何種菇類前，切勿食用，也不要生吃菇類。

名稱

菇類名稱：該種菇類的標準名稱。
學名：全球通用的稱呼，詳細說明請參見第 49 頁。
分類：呈現該菇類在生物學上所屬的科、屬。
別名：標準名稱以外的稱呼。如無主要別名時，該欄即為「—」。

基本資料

列出該種菇類的食物毒性（屬「食用」者，介紹烹調方式及注意事項；屬「有毒」者，介紹中毒時的症狀 ；屬「不宜」者，介紹它不宜食用的原因）

▲ 頭部和菌蓋內部中空，肉質雖薄且易碎，但水煮過後就會很有彈性。

網狀頭部就是正字標記

羊肚菌

學名 *Morchella esculenta*
羊肚菌科／羊肚菌屬
別名 *morille*、Morel

可食用 羊肚菌的頭部呈蛋形或蛋狀圓錐形，隆起部分發展成縱橫交錯的樣貌，形成凹凹凸凸的網狀。菌褶垂直縱走，與菌柄連結成一體這些菌褶稱為「脊」，羊肚菌的子囊孢子就是在這些網狀菌褶的凹陷處形成。它的外觀看來酷似人腦，但在歐洲可是人們熟悉的食用菇它的滋味不腥不臭，可運用在多種不同菜餚上。不過羊肚菌生吃會有毒性，請務必確實加熱，烹調前不妨先汆燙後再使用。

DATA
食用 生吃有毒，需加熱烹調。適燉煮、湯品等
分布地區 日本、歐洲　**生長環境／地點** 樹林或路旁等處的地面上，主要是群生在櫻花樹下。　**生長時期** 春
特徵 高 7～15 公分，頭部會呈白色或褐色，顏色變化大。

看它的尖突頭部和長直網眼來分辨

尖頂羊肚菌

學名 *Morchella conica*
羊肚菌科／羊肚菌屬
別名 ──

可食用 有毒 尖頂羊肚菌的頭部呈長直的橡實狀，外面覆蓋著一層網狀菌褶，前端尖突。縱向肋脈很發達，橫脈則少有隆起。它的內部中空，生吃有毒。

DATA
食用・有毒 嚴禁生吃 **分布地區** 日本、歐洲、中國等
生長環境／地點 樹林或路旁等處的地面上　**生長時期** 春
特徵 個頭較羊肚菌稍大

菇菇小專欄 column

外型不同，基因分類卻相同的菇菇

隨著基因分析技術的演進，人類得以發現某些外型不同的菇類，其實有著近親關係。例如常生長在松樹林中的紅鬚腹菌，外型像顆渾圓的球，一生都在地底下度過，因此過去將它分類在腹菌亞綱（新分類中無此項），與其他有菌蓋的菇類分在不同族群。然而，在新版分類中，已知紅鬚腹菌是屬於擔子菌門牛肝菌目的一種菇，和網狀牛肝菌或乳牛肝菌是一家人。此外，一般還認為這種有菌蓋的菇類，可能是後來進化成地下生活型，才會長成現在這種不張開菌蓋的形狀。此外，以往同樣是被視為腹菌亞綱的尖頂地星，也因為基因分析技術的一日千里，而發現它共可分為九大系統。

散發刺鼻惡臭，憑味道就能分辨

三爪假鬼筆

不宜

> 學名　*Pseudocolus schellenbergiae*
> 籠頭菌科／假鬼筆屬属
> 別名　──

從梅雨季到秋天，都可看到三爪假鬼筆群生在林地、竹林或路旁，由於它的氣味非常刺鼻，只要經過就會立刻發現。它的幼菌呈現直徑2公分左右的白色大蛋形，裂開後會伸出3～6個托腕。這些托腕呈黃色或橙色，如畫拋物線似地在頂端交會。略帶白色的菌柄較托腕短，內部中空。此外，它的惡臭來自於托腕內側的產孢組織。當這些產孢組織化爲黏液後，就會變成褐色，散發刺鼻臭味。

| DATA | 食用 不宜，惡臭　分布地區 日本、中國、韓國　生長環境／地點 林地、竹林、路旁 生長時期 梅雨季～秋　特徵 產孢組織位於托腕內側，散發刺鼻臭味。 |

© Katsuji Komiyama

名稱來自密宗法器？

三爪假鬼筆的形狀看似密宗法器三鈷杵（一種有三爪的金剛杵），因而得明。附帶一提，金剛杵是爲人掃除困難與煩惱的法器，而三鈷杵的前端並不像三爪假鬼筆一樣相連。

有著如杏桃般的芬芳

雞油菌

可食用 有毒

> 學名　*Cantharellus cibarius*
> 雞油菌科／雞油菌屬
> 別名　*girolle*、*Chanterelle*、橘菇

雞油菌是一種遍布全球各地的菇類，會於夏秋之際生長在松樹、日本鐵杉的林地上。菌蓋爲漏斗狀，邊緣稍有裂縫，呈不規則波浪狀。此外，菌蓋內側的菌褶厚，脈紋彼此相連，會隨成長而往菌柄垂下。菌柄下方較細，內側飽滿。菌肉呈淡黃色，散發杏桃味。在歐洲，雞油菌是大家熟知的食用菇，但目前已知帶有微量毒性成分。

| DATA | 食用 有毒瓢蕈毒素　分布地區 全球各地 生長環境／地點 松樹、日本鐵杉的林地上 生長時期 夏～秋　特徵 整體呈蛋黃色，菌蓋爲漏斗形，有杏桃氣味。 |

© hokto_o

在歐洲是頗受歡迎的食用菇

雞油菌雖含微量毒性，但在歐洲卻與美味牛肝菌、羊肚菌（morille）並稱爲三大食用菇。在法國多半稱之爲girolle、Chanterelle，一般人會切碎包入歐姆蛋裡，或用在燉煮菜餚上。

喇叭狀的菇類

喇叭菌

可食用

學名 *Craterellus cornucopioides*
雞油菌科／喇叭菌屬
別名 黑色小號蘑菇

在夏秋之際皆可看到喇叭菌在各種樹林裡的地面上群生或簇生。它的外觀呈細長的喇叭狀，高約5～10公分，菌蓋和菌柄間的界線不明確，從上到菌柄底部都是中空。此外，在喇叭內側表面上有一層角鱗，顏色爲暗褐色～灰褐色。在歐洲，喇叭菌還有短號及死亡小號等稱呼，常用於燉煮或湯品。

DATA
食用 燉煮、湯品 **分布地區** 世界各地
生長環境／地點 各種樹林的地面上
生長時期 夏～秋 **特徵** 喇叭造型，肉質極爲柔軟。

▲ 外觀呈細長的喇叭狀，從上到菌柄底部都是中空，菌肉爲薄膜質。顏色偏黑，較不醒目。

和松塔牛肝菌極為相似，難以分辨

混淆松塔牛肝菌

可食用

學名 *Strobilomyces confusus*
牛肝菌科／松塔牛肝菌屬
別名 ──

在夏秋之際皆可看到混淆松塔牛肝菌出現在松樹和日本冷杉的混生林地面上。菌蓋會從半球形到平展狀，表面則布滿尖刺狀的黑色粗角鱗。菌孔初爲白色，後轉灰褐色，較有厚度，直生至彎生。此外，菌柄上端有細長的網狀，並以易折斷爲特色。菌肉白，傷後立刻轉紅，再變黑。混淆松塔牛肝菌，與松塔牛肝菌極爲相似，肉眼很難分辨。

DATA
食用 醋漬、燉煮 **分布地區** 東亞、北美
生長環境／地點 松樹和日本冷杉的混生林地面上 **生長時期** 夏～秋 **特徵** 菌蓋表面布滿尖刺狀的黑褐色粗角鱗；菌肉會因傷而變紅再變黑。

▲ 菌柄長5～10公分，上下一樣大，上段有長直的網狀，基部則是棉絮狀至斑駁狀至平滑樣。

貌不揚，但口感好、滋味佳

松塔牛肝菌

學名	*Strobilomyces strobilaceus*
牛肝菌科／松塔牛肝菌屬	
別名	——

© hokto_o

可食用 菌蓋的表面和菌柄是白底，上有一層灰褐色～黑褐色的塊...。它的菌孔呈淡灰色，菌肉則爲白色，接觸空氣後會變紅褐色。...味頗佳，但容易腐壞。

> 食用 醋漬、燉煮　分布地區 北半球
> 生長環境／地點 松樹和日本冷杉的混生林地面上
> 生長時期 夏～秋　特徵 菌柄易斷

極具特色的樣貌，容易分辨

金黃條孢牛肝菌

學名	*Boletellus russellii*
牛肝菌科／條孢牛肝菌屬	
別名	——

© hokto_o

可食用 **中毒** 菌蓋爲淡褐色，表面呈毛氈狀，形狀爲豆沙小包形至平...；菌孔從淡黃到黃褐色；菌肉爲淡黃色。以往多視爲食用菇，但也有...毒案例，需特別留意。

> 食用・中毒 腸胃道中毒　分布地區 日本、北美
> 生長環境／地點 闊葉樹林的地面上　生長時期 夏秋
> 特徵 菌柄長，紅褐底色，上覆一層白網。

著鮮黃的菌褶

美麗褶孔牛肝菌

學名	*Phylloporus bellus*
牛肝菌科／褶孔牛肝菌屬	
別名	——

© Katsuji Komiyama

可食用 **中毒** 菌蓋形狀爲豆沙小包形至平開，最後往中央反捲內凹，...面呈天鵝絨狀。菌肉爲白至淡黃色，可食。但依個人體質不同，可...會出現中毒症狀。

> 食用・中毒 腸胃道中毒　分布地區 日本～東南亞
> 生長環境／地點 赤松、枹櫟林的地面上　生長時期 夏
> 特徵 菌褶如垂下般與菌柄相連

黃色的菌柄基部很有特色

紅疣柄牛肝菌

學名	*Leccinum chromapes*
牛肝菌科／褶孔牛肝菌屬	
別名	——

© hokto_o

可食用 主要在夏天出現，菌蓋在濕濕時稍具黏性。菌孔幾近離生，...白後轉淡紅色。菌柄表面是白底帶有少許淡紅色鱗片。可食用。

> 食用 義大利麵、歐姆蛋等　分布地區 東南亞、北美東部
> 生長環境／地點 日本冷杉、圓齒山毛櫸或水楢樹林的地面上
> 生長時期 夏　特徵 菌柄基部爲鮮黃色

菌蓋直徑可達 30 公分的大型菇類

裂皮疣柄牛肝菌 可食用

學名 *Leccinum extremiorientale*
牛肝菌科／疣柄牛肝菌屬
別名 ——

幼菌期的菌蓋呈半球狀，表面會有些凹凸不平，後再轉爲天鵝絨狀。在生長過程中菌蓋會陸續出現不規則狀的裂痕，透出表皮下的黃色菌肉。菌柄表面遍布黃褐至橙褐色的小角鱗。它是一種大型的菇類，菌蓋直徑甚至可達 30 公分以上。菌蓋的菌肉軟，口感如蘑菇，亦無特殊腥臭，可運用在各式餐點中。不過它保存期短，偶有蟲子藏身其間，需特別留意。

DATA	**食用** 義大利麵、燉飯及熱炒等 **分布地區** 日本、中國、韓國、俄羅斯遠東地區 **生長環境／地點** 雜木林 **生長時期** 夏～秋 **特徵** 菌蓋表面會隨生長而出現不規則狀的裂縫

▲ 菌孔爲黃色，呈波狀彎生～離生；菌肉密實，爲白色～淡黃色。

菌柄表面有著黑色點狀的鱗片

多皮疣柄牛肝菌 可食用

學名 *Leccinum versipelle*
牛肝菌科／疣柄牛肝菌屬
別名 ——

這種菇類會於夏至秋季，在白樺樹等樺木科樹下生長。幼菌期菌蓋爲半球狀，之後發展成凸面狀，再轉爲平展。潮濕時具黏性，菌孔爲白色，同時菌褶與菌柄多爲波狀彎生，但有時也有離生的狀態。菌柄表面有著黑色點狀的鱗片。切開白色菌肉後，會帶有淡紅至黑的色澤，但在烹煮後即消失。在歐洲，它是一種極具代表性的食用菇，適合油炸、湯品、燉煮。

DATA	**食用** 油炸、湯品、燉煮等 **分布地區** 北半球中北部 **生長環境／地點** 主要分布在白樺樹林的地面上 **生長時期** 秋 **特徵** 白色菌肉，斷面會變黑。

▲ 傷後基部呈青綠色，白色菌肉則會由淡紅轉黑。

編按：離生是指菌褶與菌柄並不相連接；彎生則是菌褶與菌柄相連接，且連接處稍微向上彎。

散發刺鼻惡臭，憑味道就能分辨

小美牛肝菌

可食用

學名　*Boletus speciosus*
牛肝菌科／牛肝菌屬
別名　──

玫瑰色的菌，後變平展，潮濕時具黏性。菌孔從淡黃色到黃褐色，型態爲波狀彎生～離生。菌柄爲淡黃色或淡紅色，表面覆蓋著一層細密的網狀紋路，到下端至基部則轉爲紅褐色，有時基部還會向某一方向彎曲。它會變色，傷後菌孔和管口變爲深藍色，淡黃色的菌肉則轉爲藍色。小美牛肝菌的口味佳，可以各種不同烹調方式品嘗，但因外型與有毒的假美柄牛肝菌相似，需特別留意。

D
A
T
A

食用　熱炒、油炸、燉煮、火鍋等。
分布地區　北半球　**生長環境／地點**　松樹林或混生林的地面上　**生長時期**　夏～秋
特徵　有著玫瑰色的菌蓋，會變藍色。

▲ 夏秋時節小美牛肝菌會生長在松樹林或混生林的地面上，個頭大，菌蓋上的菌肉也厚。

會引起嚴重的腸胃道、消化器官中毒症狀

毒牛肝菌

有毒

學名　*Boletus venenatus*
牛肝菌科／牛肝菌屬
別名　──

毒牛肝菌爲有毒的菇類，誤食會引發嘔吐、腹瀉等嚴重的腸胃道、消化器官中毒症狀。幼菌期菌蓋呈半球形，蓋緣往內捲，最終菌蓋會從凸面狀至平展，表面則爲黃褐色天鵝絨狀，不具黏性。菌孔初期爲黃色，後轉爲黃褐色，若碰傷後則變爲藍色。此外，菌柄上爲淡黃色，上段會隨生長而出現紅褐色的斑點。黃色的菌肉也稍具變色性，會轉爲藍色。

D
A
T
A

有毒　嚴重的腸胃道、消化器官中毒症狀
分布地區　日本　**生長環境／地點**　主要生長在日本鐵杉或衛氏冷杉樹林裡的地面上
生長時期　夏～秋　**特徵**　菌蓋呈黃褐色，表面爲天鵝絨狀，菌孔或菌肉傷後會變藍色。

▲ 菌蓋有8～20公分，個頭偏大。生長在標高1,500公尺以上的亞高山帶針葉樹林。

網狀牛肝菌

可食用

學名 *Boletus reticulatus*
牛肝菌科／牛肝菌屬
別名 夏季的美味牛肝菌（*Porcino d'Estate*）

網狀牛肝菌多於夏到秋季，生長在山毛櫸科闊葉樹和松樹混生林的地面上。菌蓋會從半球狀長成豆沙小包形，再繼續生長就會展開至幾近平展。菌孔先白後轉淡黃色；管口在幼菌時期會被白色菌絲封住。菌柄下方較粗，表面有網狀紋路。菌肉為白色，不會變色。它是美味牛肝菌（porcini）的近緣種，風乾後風味更佳，主要用在義大利麵及燉飯的餐點上。

> **DATA** 食用 義大利麵、燉飯、熱炒、燒烤 分布地區 日本～歐洲 生長環境／地點 山毛櫸科闊葉樹和松樹混生林的地面上 生長時期 夏～秋 特徵 菌柄基部粗，表面有網狀紋路。

▲ 菌蓋表面在幼嫩期呈天鵝絨狀，但隨著生長後會變滑溜，潮濕時稍有黏性。

不亞於美味牛肝菌的好味道

美味牛肝菌在整個西歐都將它視為最高級的菇類。與之相近的網狀牛肝菌，菌蓋厚，菌柄爽脆，口味不腥不臭，因此和美味牛肝菌一樣，常用在各種餐點上。

美柄牛肝菌

有毒

學名 *Boletus calopus*
牛肝菌科／牛肝菌屬
別名 ——

菌蓋會從半球狀發展到凸面狀，最後平展。此外，它的表面也常有細小的裂縫。菌孔呈黃色，傷後變藍色。白色～淡黃色的菌肉也會變藍色。

> **DATA** 有毒 腸胃道中毒 分布地區 北半球中北部 生長環境／地點 赤松等樹林裡的地面上 生長時期 夏～秋 特徵 垂掛著無數的白色針刺

粉末牛肝菌

可食用

學名 *Boletus pulverulentus*
牛肝菌科／牛肝菌屬
別名 ——

粉末牛肝菌在歐洲是一種很受歡迎的食用菇。它的菌蓋邊緣呈現不規則的波浪狀；菌孔為鮮黃色，多為直生或延生；菌肉為黃色，變色特質顯著，碰觸或傷後會立刻轉為深藍色。

> **DATA** 食用 燉煮料理等 分布地區 北半球一帶 生長環境／地點 闊葉樹或針葉樹林的地面上 生長時期 夏～秋 特徵 傷後損傷部位會立刻轉為藍色

© hokto_o

日文名稱取自它散發的麴香

兄弟牛肝菌

可食用

學名 *Boletus fraternus* Peck
牛肝菌科／牛肝菌屬
別名 ──

菌蓋表面呈天鵝絨狀，在生長過程中會逐漸出現裂縫。菌孔為黃色，呈直生～離生。菌柄則為黃底紅線條。菌肉為黃色，傷後會變藍色。

D A T A	**食用** 湯品、油炸　**分布地區** 日本、北美 **生長環境／地點** 闊葉樹林的地面或草地上 **生長時期** 夏～秋 **特徵** 菌蓋為紅褐色，會散發甜麴的香氣。

菇菇小專欄
column

菇類學名的命名機制

菌類的學名均依國際藻類、真菌、植物命名法規 (ICN) 的規範命名，每個名稱皆由屬名＋種小名＋命名者所組成。舉例來說，松茸的學名叫「Tricholoma matsutake (S. Ito et Imai) Singer.」，最前面的 Tricholoma 是屬名，它在拉丁文中是口蘑屬，同為口蘑屬的菇類學名都以此單字為首，以人名而言，這個字堪稱它們的姓氏。接著「matsutake」代表的是種小名，也就是它們的名字。後面的「(S. Ito et Imai)」，是最初為松茸冠上學名的今井三子和伊藤誠哉（et 是拉丁文中的「And」）。而最後的「Sing.」則代表了 1943 年發表論文，闡述松茸屬於口蘑屬的洛夫・辛格（Rolf Singer。在此之前松茸被視為蜜環菌屬）。還有許多菇類尚未訂出學名，就會以「預估屬名＋sp.」來表示。

爽脆口感和獨特苦味最可口

粗柄粉褶菌

可食用

學名 *Entoloma sarcopum*
粉褶菌科／粉褶菌屬
別名 一本占地、一本 *kankogasa*

這種菇類雖帶有鮮明而獨特的苦味，但許多人就因為喜歡這種苦味和爽脆口感，而將它視為食用菇。烹調時先汆燙，或先以高溫煎、烤，苦味就會降低。菌蓋顏色從灰到帶灰的黃土色，幼嫩期呈半圓形，之後會隨生長而轉圓錐形，最後長至平展，中心部稍微高突。它和毒菇──褐蓋粉褶菌及粉懦菌極為相似，誤食意外頻傳，需多加留意。

D A T A	**食用** 煎煮、熱炒　**分布地區** 日本 **生長環境／地點** 闊葉樹和松樹的混生林地面上　**生長時期** 秋　**特徵** 菌蓋有時會長出橢圓形的紋路。菌柄粗而實，表面有纖維狀的紋路，無菌環和菌托。

© hokto_o

▲ 菌蓋呈霧面無光澤，上面有著霜降肉似的紋路。菌褶略粗，起初為奶油色，成熟後則帶點淡紅色。

中毒事件頻傳

褐蓋粉褶菌

有毒

學名　*Entoloma rhodopolium*
粉褶菌科／粉褶菌屬
別名　專家掉淚、*mizukanko*

褐蓋粉褶菌和粗柄粉褶菌的生長地相同，因此誤食中毒意外頻傳。菌蓋會先從半球狀長成平展狀，具吸水性，顏色爲灰褐色，乾燥時灰色變深，並散發絹絲狀的光澤。菌蓋邊緣會隨成長而外翻。菌褶初期爲白色，長大後呈淡紅色。菌柄中央爲海綿狀，一捏就碎。白色菌肉嘗來無味，但有種粉類臭味。

▲ 菌蓋直徑 3 ～ 8 公分，表面無霜降肉或纖維似的紋路，在潮濕環境下會稍具黏性，顏色也會轉爲膚色。

DATA
有毒 溶血性蛋白、膽鹼、毒蠅鹼、毒蕈鹼
分布地區 北半球　**生長環境／地點** 雜木林或闊葉樹林裡的地面上　**生長時期** 夏～秋
特徵 菌肉嘗來無味，菌柄較細，菌褶邊緣是凹凸不平的鋸齒狀。

中毒件數名列前茅

褐蓋粉褶菌和食用菇的粗柄粉褶菌外觀相似，誤食後會引發嘔吐、腹瀉等嚴重的中毒症狀，甚至還會致死。由於這兩種菇實在太相似，連熟悉採菇的老手都很難分辨，因此有些地區將它稱爲會讓「專家掉淚」的菇類。

類似品種眾多，難以辨別的毒菇

毒粉褶菌

學名　*Entoloma sinuatum*
粉褶菌科／粉褶菌屬
別名 ──

有毒 毒粉褶菌的菌蓋灰中帶淡黃土色，幼時呈豆沙包狀，後隨生長而逐漸平展，至成熟時傘緣會呈不規則狀變形。偏粗的白色纖維狀菌柄，帶有些許粉類臭味。

DATA
有毒 嘔吐、腹瀉等　**分布地區** 北半球溫帶以北
生長環境／地點 闊葉樹林裡的地面上
生長時期 秋　**特徵** 傘緣會呈不規則狀變形

春季裡可一飽口福的美味鮮菇

晶蓋粉褶菌

學名　*Entoloma clypeatum*
粉褶菌科／粉褶菌屬
別名　濕地擬

可食用 有毒 晶蓋粉褶菌會在春天的櫻花及梅花等薔薇科的樹下群生。它的菌蓋爲灰色，菌肉爲白色。一般可以當作食用菇來品嘗但部分採摘地點可能會有農藥影響，需特別留意。

DATA
食用・中毒 需加熱烹調　**分布地區** 北半球溫帶
生長環境／地點 薔薇科樹下　**生長時期** 春
特徵 菌蓋爲灰色至褐色，菌褶先是白色，後變淡紅色。

軟嫩菌肉讓人胃口大開

玫瑰紅鉚釘菇　可食用

學名　*Gomphidius roseus*
鉚釘菇科／鉚釘菇屬
別名　──

這種菇類會在夏秋之際的松樹林地面上出現，常與乳牛肝菌混生。它的菌肉軟嫩，適合煮湯或燉煮等菜色。它在烹調過後略帶黏性，口感亦佳。菌蓋會從凸面狀張開至平展，中央部分則會稍有凹陷，顏色則是緋紅或紅褐色，成熟後會出現黑色斑點。菌柄根部會變細，並略帶黃色，內為實心。菌褶粗，初期為灰色，後漸轉為淺紫色。

> **DATA**
> **食用** 湯品或燉煮等　**分布地區** 歐洲、西伯利亞、中國、朝鮮半島、日本
> **生長環境／地點** 松樹林的地面上
> **生長時期** 夏～秋　**特徵** 菌蓋會從緋紅色轉帶褐的淡紅色，成熟後為褐色。

▲ 菌柄表面有角鱗，上段偏白，下段較細且偏黃。成熟後菌褶會下垂到菌柄處。

> **菇類特有的湯頭和黏性最美味！**
>
> 這種菇菇製作出的湯品非常美味，日本將它視為秋季的味覺饗宴，用來熱炒、油炸或是鮮菇炊飯等方式都很合適。但它易泛黑，摘採後最好盡快烹調。

足堪代表日本的大型菇類

壯麗環苞菇　可食用

學名　*Catathelasma imperiale*
壯麗環苞菇科／梭柄乳頭菌屬
別名　白松

秋天時節，在較高海拔的北海冷杉或日本銀冷杉等針葉林的地面上經常可見這種菇類的身影。菌蓋直徑約40公分，高度可達50公分，是大型品種的菇類。菌蓋形狀呈半球形到豆沙小包形，會張開至平展。邊緣最初是往內捲，最終會往外反捲。顏色是灰褐色至褐色，菌柄粗，呈白色至淡褐色，有菌環；菌肉緊實有嚼勁，略帶苦味。

> **DATA**
> **食用** 湯品、火鍋、油炸等　**分布地區** 日本、歐洲、北美西部　**生長環境／地點** 北海冷杉等較高海拔針葉樹林的地面上　**生長時期** 夏～秋　**特徵** 菌蓋直徑達 40 公分的大型品種，菌柄根部較細且會深入地下。

▲ 菌柄上有兩道菌環，上方菌環薄，有時會長到菌柄上，發展成褐色帶狀。菌柄越往根部越細。

19

白色齒針很有特色

卷緣齒菌 可食用 有毒

> **學名** *Hydnum repandum*
> **齒菌科／齒菌屬**
> **別名** *Pied de Mouton*

卷緣齒菌生長在針葉或闊葉樹林的地面上，夏秋之際尤為茂盛。菌蓋會從豆沙小包形生長至平展。菌蓋表面平滑，顏色從橙至黃色、淡茶色，大小約為15公分，中央處略為凹陷，每株形狀都不同，菌蓋邊緣呈波浪狀，內面滿佈著短齒針，是它的一大特色，菌肉脆弱易碎。卷緣齒菌的口味佳，全球各地都有人食用，但已確知內含毒性成分，故宜先汆燙後再烹調，同時避免過量食用。

> **D A T A**
> **食用·有毒** 注意勿過量　**分布地區** 全球　**生長環境／地點** 針葉樹或闊葉樹林的地面上　**生長時期** 秋　**特徵** 菌蓋內面密布白色齒針，成長後菌蓋會從圓形變為外捲的不規則狀。

▲ 菌蓋內面密布2～5公釐的白色齒針；菌柄呈白色至蛋黃色，內為實心，且位於不在菌蓋中央的位置。

裹上一層金黃粉末的模樣

金褐傘 可食用 中毒

> **學名** *Phaeolepiota aurea*
> **傘菌科／傘屬**
> **別名** 黃粉茸

夏末至秋季，群生在林道、田梗旁或草地等處的菇類。菌蓋先呈半球形，再張開至偏中凸形，菌體裹著一層土黃色的粉，一碰就會沾到手上。菌褶密生，初為淺黃色，後轉為黃褐色。此外，幼菌期的金褐傘包覆著一層膜，膜裂開後會化為菌環。菌柄和菌蓋同樣裹著一層金黃色粉，菌肉從白到淡黃，散發如汗臭般的特殊氣味。

> **D A T A**
> **食用·有毒** 燒烤、燉煮 曾發生中毒案例，請汆燙後再烹調，並避免過量食用。　**分布地區** 北半球　**生長環境／地點** 各種樹木、林道或草地　**生長時期** 夏末～秋　**特徵** 覆蓋著一層金黃色粉末，並散發特殊的氣味。

▲ 菌褶在幼菌期包覆著一層膜，菌傘表面有時會出現放射狀的紋路。

© hokto_o

滑溜口感美味可口

亞側耳

可食用

學名 *Sarcomyxa serotina*
核瑚菌科／肉膠耳屬
別名 喉燒、片葉

亞側耳的表皮下方有一層膠質，外皮容易去除，因此又名「剝茸」。它的顏色是淺黃褐色，外觀與帶有劇毒的日本臍菇相似，摘採食用時需特別留意。

DATA
食用 湯品、熱炒等　**分布地區** 北半球溫帶以北　**生長環境／地點** 水楢樹林
生長時期 秋　**特徵** 菌柄長在菌蓋的邊緣

有「牛舌」稱號的特色菇

肝色牛排菌

可食用

學名 *Fistulina hepatica*
牛排菌科／牛排菌屬
別名 ——

於初夏或秋天生長在苦櫧屬大樹基部的菇類。形狀從舌形、匙形到扇形；顏色在幼菌時是血紅色，成熟後轉爲褐色。表面稍微粗糙，看來如舌頭般。切開後如霜降肉，還會滲出紅色汁液，有「窮人牛排」之稱。略帶酸味，生吃或以奶油香煎都美味。

DATA
食用 醋漬、涼拌、熱炒等　**分布地區** 全球
生長環境／地點 苦櫧屬大樹基部
生長時期 初夏、秋　**特徵** 菌蓋形狀如舌，厚約 2 公分，寬約 5 公分，顏色爲血紅至褐色，剖面呈霜降肉狀。

▲ 菌蓋內面密布海綿狀的菌孔，這些菌孔是細微菌管的集合體，也是肝色牛排菌的特徵之一。

編按：苦櫧屬植物有類似栗屬的植物，外觀長滿尖刺，如大葉苦櫧、台灣苦櫧。

生長在松樹倒木上的大型菇類

木質新韌菇

可食用 中毒

學名 *Neolentinus lepideus*
牛排菌科／新香菇屬
別名 ——

初夏至初秋天會生長在松樹類的倒木或根株等處。菌蓋呈豆沙小包至盤狀，最後會外翻長成漏斗狀；顏色則是從白到淡黃褐色，褐色鱗片以放射狀覆蓋菌蓋表面。菌柄上有褐色角鱗，菌褶邊緣有斧頭般的鋸齒。肉質帶有松樹般的香氣和苦味，此菇有時會引發中毒症狀，烹調前請務必先汆燙。

DATA **食用·有毒** 有時會引發消化系統中毒，勿過量食用。 **分布地區** 全球 **生長環境／地點** 松樹類的倒木 **生長時期** 初夏～初秋 **特徵** 菌蓋直徑約 5 ～ 20 公分，白色菌肉扎實，帶有松香般的香氣。

▲ 菌蓋上有鱗片，看來也像是深淺交錯的斑紋，個頭大者可達直徑30公分左右。

眾所熟知的中菜食材

木耳

可食用

學名 *Phaeolepiota aurea*
木耳科／木耳屬
別名 ——

春天至秋天之際，在闊葉樹的根株或枯木上經常可見到木耳。它的顏色會從茶褐色到帶紫色的深褐色，約 2 ～ 6 公分大小；形狀變化豐富，從耳朵狀到碗狀都有。它帶有膠質，口感獨特，在日本、中國、韓國等地常用來當作拉麵的配料，或當作中菜的食材，是一種營養豐富的菇類。乾燥後會變硬變小，呈薄皮狀，常與同物種的毛木耳一起在市面上銷售，人工栽培也相當普及。

DATA **食用·有毒** 湯品、涼拌、熱炒等 **分布地區** 全球各地 **生長環境／地點** 闊葉樹的根株或枯木 **生長時期** 春～秋 **特徵** 外觀呈茶褐色，帶有膠質，口感彈脆，背面有細小的毛狀物，內側光滑。

▲ 含水分時，木耳會因膠質而呈現透明感；濕度降低時則會乾燥萎縮，貼在樹上生長。

維生素 D 含量第一

木耳本身無味無鮮，但富含能有效預防骨質疏鬆症的維生素D，其含量在所有食物當中居冠。此外，它的鐵質、鈣質和膳食纖維也很豐富，難怪它是中菜裡不可或缺的一項食材。

和木耳同樣可作食材

毛木耳

可食用

學名 *Auricularia polytricha*
木耳科／木耳屬
別名 ──

除了寒冷的時期之外，毛木耳幾乎一年到頭都會在闊葉樹的枯木上群生。它的菌蓋會呈下垂的倒蓋碗狀或耳朵狀。菌蓋內部呈光滑的褐色至暗褐色；外部則呈毛氈狀的灰褐色，上面密布著細毛。乾燥時會縮得很小，浸泡過後帶水分時則會張得很大。毛木耳內含膠質，口感彈脆，但較木耳稍硬。一般將它當作食材，市面上也有販售乾燥毛木耳。

DATA 食用 湯品、涼拌、熱炒等 分布地區 全球各地 生長環境／地點 闊葉樹的根株或枯木 生長時期 全年 特徵 大小約為直徑 1～7 公分，表面布滿白色細毛，這一點與木耳不同。

▲ 幼時呈杯狀，並有短菌柄，但會隨著成長而消失。肉眼就可清楚看到它的白色細毛。

口感極佳，可飽嘗秋日美味

絲蓋口蘑

可食用

學名 *Tricholoma sejunctum*
口蘑科／口蘑屬
別名 霜降金茸

到了秋天，絲蓋口蘑就會群生或四散在雜木林和松樹林裡。它的菌蓋會從半球形慢慢發展到圓錐形，最終呈現中凸形，大小約為直徑 4 公分。菌蓋中央處為淡黃底色，上有暗綠褐色的纖維紋路，中央附近則為暗褐色。絲蓋口蘑雖稍有苦味，但口感佳、風味好，很多地方都有人食用。它的外型和灰褐紋口蘑很相似，但絲蓋口蘑的生長時期較早。

DATA 食用 燉煮、涼拌、熱炒等 分布地區 北半球溫帶 生長環境／地點 雜樹林的地面上 生長時期 秋 特徵 菌蓋為黃色，中央為暗綠褐色；菌褶為白色，但邊緣稍偏黃色。灰褐紋口蘑的菌褶則為全白或奶油色。

▲ 菌褶顏色介於油黃口蘑和灰褐紋口蘑之間的配色，故得此名。菌柄呈偏黃的白色，菌褶也是白色，但邊緣略偏黃色。菌蓋平展，但中央會稍微隆起。

▲ 幼菌爲半球形，初期菌褶外覆蓋著一層膜，之後會隨著生長而脫落，露出菌褶，而這層膜則會化爲菌環，留在菌柄上。

可品嘗到菇類美味，登峰造極的食用菇

松茸

可食用

學名 *Tricholoma matsutake*

口蘑科／口蘑屬屬

別名 ──

松茸主要生長在赤松樹林的地面上，性喜養分少且乾燥的土壤；也會生長在黑松、南日本鐵杉、卵果魚鱗雲杉、日本雲杉、日本鐵杉、偃松的樹下。菌柄長度會因寄生植物而稍有差異，大多是先發展成菌落，再如畫圓般地生長。松茸的香氣在日本大受歡迎，但過量食用或誤食保存過久的松茸，會引發噁心、想吐症狀，需特別留意。松茸是很受大眾歡迎的高級食材，但幾乎都是來自進口，主力市場來自中國、加拿大、美國、土耳其、摩洛哥等。

DATA

食用 炊飯、土瓶蒸、湯品、燒烤
分布地區 日本、中國、北韓、韓國
生長環境／地點 主要在赤松樹林的地面
生長時期 夏～秋 特徵 菌蓋張開後就會
放出濃郁的香氣，幼嫩期略帶白色。

松茸成為高級品的原因

松茸具有獨特的濃郁香味，在日本被視爲菇類極品。如果說，松露是法國的代表，松茸也可說是日本的代表物。松茸曾出現在江戶時代的烹飪書《料理物語》（1643 年）及《料理綱目調味抄》（1730 年）。當時松茸其實是很親民的食材，但隨著時代的演進，如今已成了高級品。現代不易採集到松茸，是因爲人們生活上不再需要仰賴樹枝和落葉，較少進入山區活動，導致松樹林裡的養分增多，以及外來品種的害蟲，造成松樹枯萎的問題日漸擴大所致。

外觀雖不起眼，但要特別留意它的毒性

褐黑口蘑　有毒

學名　*Tricholoma ustale*
口蘑科／口蘑屬
別名　──

褐黑口蘑外觀並不特別恐怖，乍看下似乎美味可口，因此常被誤食。它和日本臍菇、褐粉褶菌並稱爲「菇類中毒三大家」，誤食會引起消化系統中毒症狀。菌蓋直徑爲 4～8 公分，幼菌期呈半球形，邊緣向內捲，慢慢地從凸面狀再張開至平展。褐黑口蘑外觀爲紅褐色，在潮濕環境下會變得非常有黏性，菌肉則有獨特的刺鼻惡臭和苦味。

DATA
有毒 褐黑酸。誤食後會出現嘔吐、腹痛、腹瀉等消化系統的中毒症狀　**分布地區** 北半球溫帶　**生長環境／地點** 松樹林和混生林的地面上　**生長時期** 秋　**特徵** 菌蓋在乾燥時看似呈毛氈狀，潮濕時極具黏性。

▲ 菌柄表面有纖維狀的紋路，內部扎實，顏色爲白色，傷後則轉爲淡褐色。

風味高雅，受歡迎程度與松茸並駕齊驅

灰褐紋口蘑　可食用

學名　*Tricholoma portentosum*
口蘑科／口蘑屬
別名　冬濕地、霜潛

生長在松樹或南日本鐵杉等針葉樹林的地面上，一般認爲它多在下霜時節生長，所以才有了「霜潛」的別名。它在衆多美味菇類中，頗受好評，甚至在一些偏好高雅風味的地區，其價格還比松茸更高。菌蓋會從凸面狀發展至中凸形，底色爲白至淡黃色，上面分布著向外發散的幅射狀纖維紋路，外觀與有毒的條紋口蘑相似，需特別留意。

DATA
食用 炊飯、湯品、熱炒等　**分布地區** 北半球溫帶以北　**生長環境／地點** 松樹、南日本鐵杉、日本冷杉等樹林或混生林的地面上　**生長時期** 秋　**特徵** 菌肉易破碎，菌褶爲白至淡黃色，雖屬彎生，但菌褶基部與菌柄是分開的。

▲ 常隱身在落葉下，因此又有「葉隱菇」這個別名，新手很難發現它的蹤跡。

條紋口蘑

有毒

學名 *Tricholoma virgatum*
口蘑科／口蘑屬
別名 *Pied de Mouton*

條紋口蘑和灰褐紋口蘑一樣，都是秋天常見的菇類，喜愛生長在赤松樹及日本冷杉等針葉樹林地面上，不過灰褐紋口蘑可食，條紋口蘑卻是毒菇。它的菌蓋呈圓錐狀或凸面狀，會隨著生長而平展，但中央呈尖突狀；菌蓋顏色則是美麗的銀灰，中央略帶黑色，而菌柄和菌褶則呈淺灰色。咬下條紋口蘑後，會感到一股特殊的苦味和辣味，吃下後會引起消化系統的中毒症狀。

DATA
有毒 毒物成分不明，食用後 30 分鐘至數小時內會有嘔吐、腹瀉、腹痛等症狀。
分布地區 北半球溫帶以北 **生長環境／地點** 松樹和日本冷杉等針葉樹林的地面上 **生長時期** 秋 **特徵** 菌蓋為灰色，僅中央突起並帶黑色。

▲ 菌褶為淺灰色，大小菌褶交互排列，褶緣呈鋸齒狀。菌柄也是淺灰色，有時菌柄末端會稍顯膨脹。

毒蠅口蘑

有毒

學名 *Tricholoma muscarium*
口蘑科／口蘑屬
別名 ——

毒蠅口蘑是秋天生長在枹櫟和麻櫟等闊葉樹林地面上的一種菇類。它的菌蓋先呈圓錐狀，後張開至平展；顏色則為淡黃，上面布滿黑綠褐色的放射狀紋路。蒼蠅舔過這種菇之後，就會暈頭轉向，所以曾拿來當作捕蠅的工具，也才有了這個名稱。一般認為它對人類並沒有劇烈的毒性，但因含有蠟子樹酸，和帶有毒性的豹斑鵝膏所含成分相同，故不宜食用。

DATA
有毒 蠟子樹酸、白蘑酸 **分布地區** 日本 **生長環境／地點** 枹櫟和麻櫟等闊葉樹林的地面上 **生長時期** 秋 **特徵** 菌蓋中央處尖突，蓋緣略帶白色。

▲ 含有白蘑酸，它是一種鮮味成分，故稍微咬下毒蠅口蘑時，會覺得滋味可口，但之後就會出現爛醉般的症狀。

有人食用，但需特別留意

皂味口蘑

可食用 有毒

學名　*Tricholoma saponaceum*
口蘑科／口蘑屬
別名　——

皂味口蘑是秋天生長在松樹和日本冷杉林地面上的一種菇類。它的菌蓋先呈凸面狀，後張開至中凸形；菌蓋顏色有灰褐色，還有帶綠色者，相當多變。菌蓋越往中央鱗片越密，顏色也顯得暗沉。有趣的是它帶有肥皂般的氣味，被手指碰觸或傷後，該處會泛起偏粉紅的色澤。這種菇類有人食用，但生食有毒，會引起腸胃道的中毒症狀，需特別留意。

© Katsuji Komiyama

▲ 幼菌期呈凸面狀，菌蓋邊緣往內捲，大菌褶間還藏有小菌褶。

D
A
T
A

食用・有毒 嚴禁生食。為避免腸胃道中毒，需留意勿過量食用　**分布地區** 北半球溫帶以北　**生長環境／地點** 松樹和日本冷杉林的地面上　**生長時期** 秋　**特徵** 菌蓋顏色個別差異大，從灰褐色到帶綠色者都有，菌柄則是白底略帶綠色或黃色。

國外曾發生中毒案例

油黃口蘑

學名　*Tricholoma flavovirens*
口蘑科／口蘑屬
別名　金茸

© hokto_o

可食用 中毒　油黃口蘑是菌蓋為黃褐色，中央為帶深褐色的細小鱗片。以往有人食用，但在國外曾發生食用相近菇類的中毒案例，應避免食用。

D
A
T
A

食用・中毒 成分不明　**分布地區** 北半球溫帶以北　**生長環境／地點** 松樹或混生林的地面上　**生長時期** 秋　**特徵** 整體均呈黃褐色，菌褶密布。

菇菇小專欄
column

日本漫畫裡所描繪的菇類

市面上已有各種菇類相關的漫畫作品。例如在手塚治虫的作品中，不時會有一個葫蘆造型、豬鼻子的「栴檀樹菌茸」。這個角色是從手塚大師胞妹的塗鴉衍生出來的角色，全身上下都是補丁，其實它也是菇類。在手塚大師的著作《我是漫畫家》當中提到這個角色是「一種菇類，會噴出氣體，從頭部生出下一代。把它加進湯裡煮來吃，就是冬天至高無上的美食珍饈。」在《佛陀》等作品當中也介紹了這個菇類角色。此外，科幻漫畫大師松本零士的成名作《二愣子》當中，也從主角丟著沒洗的內褲中長出了大量的虛構菇類「猿股茸」（而且是食用菇）。

相撲力士髮結「大銀杏」般的菌蓋

大白椿菇

學名 *Leucopaxillus giganteus*
口蘑科／白椿菇屬
別名 ──

可食用 大白椿菇個頭大，直徑約有 25 公分，甚至還有更大的尺寸。它的成長速度快，顏色呈乳白色至象牙色，菌蓋的部分區塊上會隨成長而出現裂痕，看起來有如相撲力士頭上梳的「大銀杏」髮結。

DATA
食用 燉煮菜餚等　分布地區 北半球溫帶以北
生長環境／地點 雜木林、竹林等　生長時期 夏～秋
特徵 菌蓋會隨生長而漸成漏斗狀

酒杯般的造型就是正字標記

杯傘

學名 *Infundibulicybe gibba*
口蘑科／杯傘屬
別名 ──

可食用 **有毒** 自古以來就有人食用杯傘，這種菇好發於秋天，菌蓋會隨成長而漸成漏斗狀。它含有毒成分，烹調前務必先汆燙。杯傘的外型與含劇毒的紅褐杯傘或白霜杯傘都長得頗相似，需特別留意。

DATA
食用・中毒 請務必汆燙　分布地區 北半球一帶
生長環境／地點 各種樹林或草地　生長時期 秋
特徵 菌肉雖薄但結實，顏色為白色。

白色貝形姿態風姿綽約

貝形圓孢側耳

學名 *Pleurocybella porrigens*
口蘑科／圓孢側耳屬
別名 ──

有毒 生長在杉樹等倒木上的真菌類，以往因味美而深受喜愛，但近年來發現食用後曾引起急性腦部病變的中毒案例，現被歸納為毒菇類。

DATA
有毒 毒性成分不明　分布地區 北半球溫帶以北
生長環境／地點 杉樹的倒木或根株
生長時期 夏～秋　特徵 菌蓋為白色扇形，幾不具菌柄。

一株重達 10 公斤以上的巨大菇類

巨大口蘑

學名 *Macrocybe gigantea*
口蘑科／圓孢側耳屬
別名 ──

可食用 整體呈白色至象牙色，1株常重達10公斤。用奶油煎煮或加入濃湯等都很可口，但嚴禁生吃。

DATA
食用 奶油煎煮等，嚴禁生吃。　分布地區 沖繩等溫暖地區
生長環境／地點 田間或院子　生長時期 夏～秋
特徵 幼菌大小也超過 20 公分

末上層白粉似的冶豔外型

合生杯傘

可食用 有毒

學名　*Clitocybe connata*
口蘑科／杯傘屬
別名　──

合生杯傘是秋天在闊葉林、路旁或草地等地面上群生、簇生的菇類。它的菌蓋先為凸面狀，之後再張開至平展，菌蓋和菌柄都像抹上一層白粉般，帶著獨特的白。它的菌柄細長，幼菌期扎實，但之後就會出現空洞。它是多個個體長在同一個根部上的菌落，根部有真菌團塊。它以往被視為食用菇，但因有引起消化系統中毒之虞，目前已列入毒菇。

▲ 菌褶密，顏色為白～奶油色。
菌柄極為細長，比例約為八頭身。

DATA
食用・有毒 消化系統中毒症狀　**分布地區** 北半球溫帶
生長環境／地點 各種闊葉林、路旁或草地等地面上
生長時期 秋　**特徵** 表面有如抹上白粉般，呈現獨特的霧面白色，菌蓋邊緣有短紋路，有時會呈波浪狀。

劇毒，誤食會持續感到燙傷般疼痛

紅褐杯傘

有毒

學名　*Clitocybe acromelalga Ichimura*
口蘑科／杯傘屬
別名　火傷菌、火傷菇

顏色為淡橙黃至茶褐色，中央會隨著生長而凹陷，最後形成漏斗狀。食用後手腳會持續感到如燙傷般劇痛，與杯傘外觀極為相似，需特別留意，切莫誤食。

DATA
有毒 手腳持續感到劇痛　**分布地區** 日本、韓國　**生長環境／地點** 闊葉林地面上或竹林中　**生長時期** 秋　**特徵** 漏斗狀菌蓋緣會往內捲

淡紫色的美麗身影，滋味也可口

花臉香蘑

可食用

學名　*Lepista sordida*
口蘑科／白樁菇屬
別名　──

花臉香蘑通常自梅雨季節開始一直到秋天，群生在草地、田間或路旁等地面上。淡紫色澤會隨著生長而稍轉白。烹調前先氽燙，再製成沙拉或涼拌，滋味可口。

DATA
食用 沙拉、涼拌　**分布地區** 北半球一帶
生長環境／地點 草地及田間等
生長時期 梅雨季～秋天
特徵 菌蓋會隨生長而展開，中央稍微凹陷。

優美的紫色外型惹人憐愛

紫丁香蘑 `可食用`

學名　*Lepista nuda*
口蘑科／香蘑屬
別名　*Pied de Mouton*

紫丁香蘑通常於秋冬之際，在雜樹林等地成排或成圈生長。菌蓋直徑約4～12公分，先呈凸面狀而後平展，幼菌時期整株皆呈紫色，但色澤會隨生長而轉淡，成熟時則為褐色，菌蓋會往外捲。它可煮成湯品或燉煮食用，但生吃會引發中毒反應，烹調前務必先汆燙。

DATA
食用 務必先汆燙　分布地區 北半球、澳洲　生長環境／地點 雜木林或日本落葉松樹林　生長時期 秋～初冬　特徵 菌蓋的紫色會隨生長而轉淡變褐色，菌褶也會從紫色轉為灰白色，菌柄根部多半較膨大。

© Katsuhiko Komiyama

▲ 菌褶也是紫色，彎生且密，大菌褶間還藏有小菌褶。

菇菇小專欄
column

「紅根鬚腹菌」與日本傳統甜點

春秋兩季生長在海邊或湖畔黑松樹林砂地上的紅根鬚腹菌，是一種在地面下或半地下發展出子實體的地下真菌。它通常呈渾圓的蛋形或扁球形，直徑約1.5～3公分大小，表面纏裹著淡紫紅色的根狀菌絲束，而子實體則呈白色，在手中搓揉後會轉為淡紅褐色，後隨生長轉為黃褐色，最終變為黏液狀。由於它帶有清爽香氣，又有蘋果般的口感，自古以來即是寶貴的食用菌，但也因不易發現，極具稀有價值。再加上近年來黑松樹林因疏於管理，紅根鬚腹菌的生長量隨之減少，因而更顯珍貴。日本人很愛仿照紅根鬚腹菌外型來製造甜點，像是佐賀縣唐津市的「松露饅頭」，以蜂蜜蛋糕為外皮，包裹著紅豆泥，是自江戶時代起熱賣至今的長銷商品；京都的著名甜點「松露」，是砂糖蜜裹紅豆泥；大阪府堺市的日本傳統甜點店，則是研發出「松露糰子」，來演繹濱寺公園裡生長的紅根鬚腹菌，這些商品在製作時，並未實際使用到紅根鬚腹菌，但神奈川縣藤澤市的「松露羊羹」，就是加入了蜜漬紅根鬚腹菌呢！不過羊羹裡的菇已經切碎，所以入口其實感覺不到它的存在。

▲ 菌蓋表面的顏色最初是灰褐色到黑褐色，之後會隨生長轉爲茶褐色。有時會出現整株大小超過 50 公分的舞菇。

怎麼煮都好吃的萬能菇

舞菇

可食用

學名 *Grifola frondosa*
多孔菌科／奇果菌屬属
別名 ──

DATA

食用 炊飯、湯品、燉煮、涼拌。
分布地區 溫帶以北 **生長環境／地點** 日本山毛櫸及水楢等老樹附近
生長時期 秋 **特徵** 粗大菌柄在基部分岔，末梢形成扇形或匙形的菌蓋，並發展成一株巨大眞菌。

舞菇是秋天裡生長在日本山毛櫸及水楢等老樹根部的菇類。扇形或匙形菌蓋層層交疊生長成珊瑚狀，有時 1 株可以長到 50 公分以上。現在舞菇已是常年都能購買到的菇類，在未有明確的栽培方法時，被譽爲「夢幻菇品」。在幾近天然狀態下栽培的舞菇，滋味和香氣皆與野生舞菇相去不遠，除可製成炊飯之外，熱炒或燉煮都很美味，堪稱萬能食材。它含有豐富的維生素、維生素 B 群和鐵質等礦物質，是很受矚目的健康食材。

舞菇的名稱由來

舞菇名稱的由來衆說紛紜。有人說是因爲它層層疊疊的菌蓋看似是在「飛舞」；也有人說是因爲它極爲珍貴，會讓找到它的人「手舞足蹈」；甚至還有人說要轉三圈之後才能找到等。當中唯一有謬誤的是「吃了之後就會輕飄飄」的這個說法是有謬誤的，因爲舞菇並不含令人飄飄然的毒性成分。

31

厚實飽滿，如蒟蒻般的彈性

大護膜盤菌

學名 *Galiella celebica*
肉盤菌科／肉盤菌屬屬
別名 ——

可食用 自夏至秋生長在枯朽樹木上的菇類。直徑約5公分左右，柔皮黑，菌肉含膠質，彈性有如蒟蒻。去除外皮後可食，但無特殊滋味

DATA **食用** 無味 **分布地區** 溫帶～熱帶 **生長環境／地點** 各種樹林裡的枯朽樹木 **生長時期** 夏～秋 **特徵** 倒圓錐形或圓柱形，外側有棉絮般的菌絲。

如海中珊瑚般的風貌

珊瑚狀猴頭菇

學名 *Hericium coralloides*
猴頭菇科／猴頭菇屬
別名 ——

可食用 秋季生長在日本山毛櫸的倒地樹幹或直立枯木上。它沒有菌蓋，從菌柄分出許多細針刺，這些長刺垂掛的模樣，看來就像珊瑚乾燥時會呈現偏紅的褐色，適合食用。

DATA **食用** 燉煮、火鍋等 **分布地區** 日本、歐洲、北美 **生長環境／地點** 日本山毛櫸的倒地樹幹或直立枯木上 **生長時期** 秋 **特徵** 垂掛著無數的白色針刺

軟嫩高雅的可口風味

猴頭菇

學名 *Hericium coralloides*
猴頭菇科／猴頭菇屬
別名 針千本、上戶茸、獅子頭

可食用 猴頭菇多生長在半枯的闊葉樹幹上端，與熊掌、燕窩、海參並列中國四大山珍海味食材，它的口感柔嫩如肉，又擁有濃厚菇菌香氣，有「素中葷」美名。在台灣多以太空包來栽培。

DATA **食用** 湯品、涼拌 **分布地區** 全球 **生長環境／地點** 半枯橡樹等樹木的樹幹高處 **生長時期** 秋 **特徵** 無菌蓋，呈倒雞蛋形～球形。

菇菇小專欄
column

從古典樂到童謠音樂，也可見菇菇踪跡

在音樂的世界裡，同樣是自古以來就有許多與菇類有關的作品。在知名的愛菇大國俄羅斯，有作曲家莫傑斯特·彼得羅維奇·穆索斯基 (Modest Petrovich Mussorgsky)，就在1867年創作了一首「採菇曲」。歌詞內容有些驚悚，講述一位太太採了毒菇，要交給老邁的丈夫。此外，以《胡桃鉗》、《天鵝湖》等作品蜚聲於世的知名作曲家彼得·伊利契·柴可夫斯基 (Peter Ilyich Tchaikovsky)，據說也愛菇成痴。他有個小故事，某天他和朋友一起到森林去，看見群生的美味牛肝菌，便趴在地上大喊：「這些都是我的！」在日本，菇類與童謠的淵源頗深。其中最膾炙人口的菇類童謠，就是由藝術教育研究所節奏會填詞譜曲的「菇菇」，至今仍在全國各地的托兒所、幼稚園傳唱。

▲ 生長在排水良好的地方，菌柄越往下越粗，基部尤其肥大，菌肉扎實。

食用菇中的橫綱

玉蕈離褶傘

可食用

學名	*Lyophyllum shimeji*
離褶傘科／離褶傘屬	
別名	*kankobou*、百本濕地、大黑

DATA
食用 炊飯、燉煮、燒烤　分布地區 日本、中國大陸雲南　生長環境／地點 雜木林或松樹混生林的地面上　生長時期 秋　特徵 菌蓋先呈半球形到凸面形，後張開至平展。顏色則是深灰褐色～淺灰褐色，略帶泛白花紋，菌柄粗。

俗語說：「香在松茸、味在玉蕈。」自古以來就是廣受喜愛的橫綱級食用菇。有些玉蕈離褶傘是秋天生長在雜木林裡，有些則是生長在松樹混生林裡，時期略晚，兩者都群生在樹木附近。菌蓋直徑約 2～8 公分，顏色為深灰褐色～淺灰褐色。幼菌時期為半球形，菌蓋邊緣也往內捲，但顏色會隨著生長而變淡，菌蓋也逐漸張開，表面有些泛白花紋。菌柄偏白，越往根部越粗，菇肉肉質也越有嚼勁。偶有錯將毒粉褶菌當作玉蕈離褶傘而誤食的案例，需特別留意。

玉蕈離褶傘與「玉蕈」

「香在松茸、味在玉蕈」這句話當中所指的「玉蕈」，本來是這裡所介紹的玉蕈離褶傘。但現在在日本說到「玉蕈」(shimeji)，幾乎所有人都會想到超市裡那些人工栽培的鴻喜菇或平菇。這是因為玉蕈離褶傘和松茸一樣，都屬於菌根菌，難以人工栽培，無法大量在市面上流通所致。野生玉蕈離褶傘相當珍貴，如有機會取得，不妨仔細品嘗它的滋味。

外觀宛如釋迦牟尼佛的頭

煙色離褶傘

可食用

學名	*Lyophyllum fumosum*
離褶傘科／離褶傘屬	
別名	千本濕地、疣凝

秋季時生長在闊葉樹雜木林及赤松樹混生林等處的地面上，難以數計的菇菌成簇生長，最終長成一大株煙色離褶傘。菌蓋呈半球形或凸面狀，之後張開至平展。顏色為灰或灰褐色，菌柄長約1～10公分。一株長滿逾百根菌柄的煙色離褶傘，大小會超過50公分，重量也將突破100公斤。眾多菌蓋聚集成簇的模樣，讓人聯想到釋迦牟尼佛的頭。它的口感爽脆，風味頗佳，很適合食用。

> **DATA**
> **食用** 湯品、熱炒　**分布地區** 北半球溫帶
> **生長環境／地點** 赤松混生林
> **生長時期** 秋
> **特徵** 眾多2～3公分的菇結合成一團後，便開始持續生長。菌蓋顏色為灰或灰褐色，菌柄、菌褶和菌肉為白或淡灰色。

© Katsuji Komiyama

▲ 菌肉肉質脆弱易碎，因雨潮濕後容易腐壞，摘採後宜盡速食用。

不亞於玉蕈離褶傘的好滋味

荷葉離褶傘

可食用

學名	*Lyophyllum decastes*
離褶傘科／離褶傘屬	
別名	——

荷葉離褶傘是梅雨季或秋季時，常見於路旁或草地等地面上生長的菇類。菌蓋顏色從淡灰色到黑褐色都有，模樣多變，形狀起初為半球形或凸面狀，後發展為中央略凹陷的平展狀。它在潮濕狀態下亦不黏滑，老熟時菌蓋會呈波浪狀。它的風味很有層次，滋味不亞於玉蕈離褶傘，又可嘗到爽脆口感，市面上售有人工種植品。

> **DATA**
> **食用** 炊飯、火鍋、燉煮等　**分布地區** 北半球溫帶　**生長環境／地點** 路旁、草地
> **生長時期** 梅雨季或秋季　**特徵** 菌蓋顏色為灰到褐色，老熟後顏色會轉淡，或呈顏色深淺駁雜的斑紋。白色菌褶生長得很密集。

▲ 菌蓋上有時會出現泛白花紋，張開至平展後菌肉仍相當扎實。多為群生。

鴻喜菇

可食用

學名 *Hypsizygus marmoreus*
離褶傘科／玉蕈屬
別名 ──

秋天時生長在日本山毛櫸及楓樹等闊葉樹的倒木或根株上，菌蓋顏色從類白色到黃褐色，中央處顏色較深，呈現如大理石般的花樣。白色菌褶生長密集，菌柄也是白色，菌肉扎實，口味溫潤爽脆，適合各式料理，因此市面上有售許多人工栽培品，堪稱經典食用菇。野生鴻喜菇的菌蓋較人工栽培品稍白。

© hokto_o

▲ 菌蓋呈凸面或扁平凸面。一般為黃褐色，但在陰影處生長者，有時會呈純白色。

DATA
食用 炊飯、湯品、燉煮等 **分布地區** 北半球溫帶 **生長環境／地點** 闊葉樹的倒木或根株上 **生長時期** 秋 **特徵** 菌蓋中央為黃褐色，有時會出現大理石般的花樣。菌肉白，菌柄下段多偏粗且彎曲。

白蟻栽培出來的菇類

真根蟻巢傘

學名 *Termitomyces eurrhizus*
離褶傘科／蟻巢傘屬
別名 ──

可食用 梅雨季時從白蟻巢穴生長出來的菇類，在日本沖繩很常見。它的菌絲是白蟻的重要糧食，而白蟻的窩巢及分泌物，則是菌絲賴以為生的養分，兩者互利共生。

◀ 真根蟻巢傘與白蟻巢穴相連，採摘後以熱炒等烹調，非常可口。

© Mamoru Yasuda

DATA
食用 熱炒等 **分布地區** 沖繩地區
生長環境／地點 白蟻巢穴 **生長時期** 梅雨期
特徵 菌蓋直徑 6.5 ～ 12 公分，中央尖凸，菌柄長

只長在菇類上的個性派

星孢寄生菇

學名 *Asterophora lycoperdoides*
離褶傘科／寄生菇屬
別名 ──

不宜 星孢寄生菇在夏至秋季之間生長，僅寄生在黑紅菇等老熟紅菇屬的菇類上。它帶有獨特的惡臭，成熟後菌蓋中央會長成泥土色的粉團（厚膜孢子）。

© hokto_o

DATA
不宜 雖無毒但有惡臭 **分布地區** 北半球
生長環境／地點 紅菇屬的菇類上 **生長時期** 夏～秋
特徵 菌蓋呈白色，形狀為半圓形至凸面狀。

重瓣花朵盛開般的嬌美身影

茶銀耳

學名	*Tremella foliacea*
銀耳科／銀耳屬	
別名	——

可食用　茶銀耳生長在橡樹等闊葉樹的直立枯樹幹上，模樣有如重瓣花朵盛開。直徑約10公分，顏色爲淡褐至紅褐色，菇肉含膠質，口感彈脆。

DATA
食用 湯品、油炸　分布地區 全球
生長環境／地點 闊葉樹的樹幹等　生長時期 秋
特徵 具透明感、充滿膠質的花瓣狀。

如薙刀般的扁平長直外型

紡錘形擬鎖瑚菌

學名	*Clavulinopsis fusiformis*
珊瑚菌科／擬鎖瑚菌屬	
別名	——

不宜　生長在各種樹林裡的地面上，顏色鮮黃，熟成後前緣變成褐色。前端如日本古代的長柄武器——薙刀般，稍微彎曲扁平，每株有好幾根至好幾十根子實體簇生。無毒。

DATA
不宜 非一般食用菇　分布地區 全球
生長環境／地點 各種樹林的地面上
生長時期 夏～秋　特徵 高度約 10 公分

艷紅蜷曲，別具特色

紅擬鎖瑚菌

學名	*Clavulinopsis miyabeana*
珊瑚菌科／擬鎖瑚菌屬	
別名	——

不宜　紡錘形擬鎖瑚菌的近親，外觀呈鮮艷的朱紅色，前端較細窄，高度約5～14公分。可食用，但無臭無味，不適合當作食用菇品嘗。

DATA
不宜 非一般食用菇　分布地區 日本
生長環境／地點 各種樹林的地面上　生長時期 夏～秋
特徵 外觀呈鮮艷的朱紅色，下端爲白色，內部是空心的。

模樣宛如陸上海葵

紫珊瑚菌

學名	*Alloclavaria purpurea*
未確定／紫珊瑚菌屬	
別名	——

不宜　外觀爲淡紫色的扁平棒狀，高度約2.5～12公分。生長時期爲夏至秋，通常在松樹林的地面上簇生或群生。可食用，但無臭無味，不適合當作食用菇品嘗。

DATA
不宜 非一般食用菇　分布地區 日本、歐洲、北美
生長環境／地點 松樹林的地面上　生長時期 夏～秋
特徵 外觀呈淡紫色，內部是空心的。

潤滑錘舌菌

小巧透明，模樣可愛

學名	*Leotia lubrica*
錘舌菌科／錘舌菌屬	
別名	──

不宜 生長在各種樹林的地面上，外觀具透明感，菌柄爲橙黃色，頭部則爲黃至綠色，爲類球狀至扁圓球狀，表面有皺褶。同種菌類還有許多不同顏色。

DATA
不宜 非一般食用菇　**分布地區** 全球　**生長環境／地點** 各種樹林的地面上　**生長時期** 梅雨季、秋
特徵 頭部往內捲，肉質帶有膠質。

© Katsuji Komiyama

狗蛇頭菌

紅色身軀一柱擎天，散發惡臭

學名	*Leotia lubrica*
鬼筆科／蛇頭菌屬	
別名	──

不宜 群生在樹林或庭院裡，紅色菌柄突破如鵪鶉蛋般的幼菌，向上伸展，前端有產孢組織。這些產孢組織在化爲黏液後呈墨綠色，並散發惡臭。

DATA
不宜 惡臭　**分布地區** 北半球溫帶地區　**生長環境／地點** 各種樹林或庭院等　**生長時期** 梅雨季～秋季
特徵 菌柄爲紅色至桃紅色，前端有產孢組織。

© Katsuji Komiyama

菇菇小專欄 column

全球推出的菇類藝術創作作品

說到菇類的藝術作品，或許很多人會先想到的是新藝術運動（Art Nouveau）時期最具代表性的創作者──艾米爾・加雷（Émile Gallé）。他晚年的名作「墨汁鬼傘燈」（1900～1904），目前全球還存有三座，其中兩座在日本，分別收藏在三得利美術館（東京都）和北澤美術館（長野縣）。墨汁鬼傘（P.81）是會在一夜之間生長壯大，隔天一早就化爲黑水的一種菇，但之後又會孕育出新生命。據說加雷從它們的身上，看到了生命的無常和韌性，而這與他在創作時一貫的主題「生與死的輪迴」，以及他罹患白血病，自知生死有期的命運不謀而合。此外，在繪畫作品當中，我們也可以看到菇類的身影。以畫精靈畫著稱的英國插畫家理查・杜伊爾（Richard Doyle，1824～1883），曾爲威廉・阿林漢（William Allingham）的詩加上插畫後，出版了《仙境裡》（In Fairyland，1870年）這部作品，當中畫了許多精靈和菇蕈。有一派說法認爲，「菇與精靈」這個組合開始廣爲盛行的契機，就是因爲這部作品。另一方面，在東洋繪畫當中，竹久夢二（1884～1934）就曾發表過描繪菇類這個主題的作品《菇》（1914）。在這幅畫作當中，夢二所描繪的毒蠅傘（P.78），日後也成了他的散文集《草實》（1915年／實業之日本社出版）的封面，看來似乎是他很鍾情的一種菇類。說到毒蠅傘，它那紅底白圓點的模樣，其實與現代藝術女王──草間彌生的作品，也有共通之處。她的確也曾創作過以菇爲主題的繪畫和美術作品。草間大師所創作的菇蕈，加入了圓點和網狀等元素。她那普普風且奇妙的世界觀，與菇類一拍即合，化成一件件歡樂的作品。除此之外，畫家渡邊隆次（1939～），以及日本極具代表性的現代美術大師──村上隆（1962～），都曾創作過以菇類爲主題的繪畫或藝術作品。看來後續也還會再有各式各樣的「菇菇藝術」問世。

▲ 有時會大量群生，數量之多甚至可覆蓋整棵倒木。

身穿白色蕾絲衣裳的菇中女王

長裙竹蓀

可食用

學名 *Dictyophora indusiata*
鬼筆科／鬼筆屬屬
別名 ──

自梅雨季開始一直到秋天，長裙竹蓀總愛群生於日本落葉松或竹林地面上。幼菌期的長裙竹蓀裹在一個直徑約 4～6 公分的蛋形包被裡，之後不斷生長，從菌蓋下長出蕾絲狀的網狀菌裙，從冒出土到腐爛消失 約只有一天的生命。優雅的姿態，讓它素有「菇中女王」之稱。菌蓋外覆有產孢組織，產孢組織會化為黏液並散發惡臭，但這股氣味能吸引昆蟲聚集，協助搬運孢子。當雨水洗去產孢組織的黏液後，就會露出有凹洞的網狀菌蓋。它和近親種的短裙竹蓀都是食用菇。

DATA
食用 中菜的食材，但臭氣逼人，烹調是一大挑戰。 分布地區 日本、中國、北美等地 生長環境／地點 日本落葉松或竹林的地面上 生長時期 梅雨期～秋 特徵 前端會有黏液狀的產孢組織，還有蕾絲狀菌裙。

高級食材長裙竹蓀

或許是因為帶有惡臭的緣故，所以長裙竹蓀在日本鮮有人食用，誠如前面介紹過的，它在中國是高級食材，法國菜也會用到它。長裙竹蓀僅菌柄及菌裙可食，趁菌裙伸展時摘下，曬乾後即可保存。它的營養極為豐富，將菌裙和菌柄與蘿蔔及排骨一同熬煮，是道備受好評的湯品，可品嘗到它的濃醇鮮味和脆口嚼感。

模樣宛如抬著頭的鱉

白鬼筆

學名 *Phallus impudicus*
鬼筆科／鬼筆屬
別名 無裙竹蓀

©hokto_o

可食用 幼菌期呈類球形，待菌柄成長到又粗又長，前端就會長出鐘形的菌蓋。菌蓋上會有隆起的網紋，並長出墨綠色的產孢組織黏液，散發惡臭。菌柄、菌托可入藥，在法國和德國部分地區，也是一種常見的食用菌。

DATA 食用 中菜湯品　分布地區 溫帶地區　生長環境／地點 竹林、庭院等　生長時期 梅雨期～秋　特徵 又粗又長的白色菌柄，前緣會長出鐘形的菌蓋。

表面凹凸不平，形狀宛如煤炭

樺褐孔菌

學名 *Inonotus obliquus*
刺革菌科／纖孔菌屬
別名 白樺茸（*Chaga*）

© Katsuji Komiyama

可食用 生長在白樺等樹幹上，外觀凹凸不平的黑色菇類。雖不適合日常食用，但據說能增強免疫力，在俄羅斯、波蘭、芬蘭等國家，是民間廣泛使用的藥用真菌。

DATA 食用 非一般食用菇　分布地區 西伯利亞等寒冷地區 生長環境／地點 樺樹類的樹幹　生長時期 全年 特徵 黑色的表面上會有龜裂紋

有著美麗年輪紋路的藥用菇

彩絨栓菌

不宜

學名 *Trametes versicolor*
多孔菌科／栓菌屬
別名 雲芝

© Katsuji Komiyama

彩絨栓菌常大良交疊群生在闊葉樹的根株、倒木或木樁上。主要生長季節是春到秋季，偶爾在冬季也能看見。凡是有枯木的地方，很容易看到它出現。它的菌蓋呈半圓形，顏色有黑、灰、紫中帶灰等多種樣貌。蓋緣呈波浪狀，表面有著如年輪般的花紋，外型可人。菌肉肉質堅硬且堅韌。它的滋味極苦，不適合食用，但富含多醣體，可提升免疫力。

▲ 菌蓋邊緣偏白，表面則長有細毛，外觀紋路呈年輪狀。

DATA 不宜 味苦　分布地區 全球　生長環境／地點 闊葉林的根株或倒木　生長時期 幾乎全年都有　特徵 菌蓋呈半圓形，肉質堅韌。黑、灰、黃褐等顏色的細毛密集交錯成同心圓狀，勾勒出年輪般的紋路。

能當作藥材的菇類

彩絨栓菌或香菇等菇類可製成抗癌劑，副作用還較既有的化學藥物少，因此備受矚目。原來菇類在醫學界竟受到如此高度的肯定。

如蜂巢般的菌孔
大孔多孔菌

學名 *Polyporus alveolaris*
多孔菌科／多孔菌屬
別名 ——

不宜 初冬時期生長在闊葉樹枯枝上的一種菇類。菌蓋呈半圓形至腎形，顏色爲淡黃茶色，並以內面菌孔呈蜂巢狀爲特徵。無毒，但不宜食用。在台灣低中海拔林區很常見。

DATA
不宜 非一般食用菇　分布地區 全球
生長環境／地點 雜木林裡的闊葉樹枯枝　生長時期 初冬
特徵 長徑爲 2～4 公分，內面菌孔爲蜂巢狀。

宛如撒上了一層可可粉
樹舌靈芝

學名 *Ganoderma applanatum*
多孔菌科／靈芝屬
別名 ——

不宜 菌蓋呈灰褐至灰白色，上面有著如年輪般的紋路，沾附著可可粉狀的粉。外觀爲半圓、扁平山丘至馬蹄形，包裹著一層硬殼。多年生，每年持續生長。編按：本書將靈芝列爲多孔菌科，但新分類已改靈芝科。

DATA
不宜 非一般食用菇　分布地區 日本、朝鮮半島、中國
生長環境／地點 闊葉樹樹幹等
生長時期 全年　特徵 菌蓋上有粉末

進貢給皇帝的菇類
靈芝
編按：本書將靈芝列爲多孔菌科，但最新分類已改靈芝科。

學名 *Ganoderma lucidum*
多孔菌科／靈芝屬
別名 靈芝草

不宜 菌蓋呈黃褐至紅褐色，外觀爲半圓形，肉質爲堅硬的木栓質，並帶有年輪似的紋路。昔日中國將它視爲長生不老的靈藥，或是吉祥之兆，寶貴至極，甚至還曾進貢給皇帝。

DATA
不宜 非一般食用菇　分布地區 中國、日本等地
生長環境／地點 闊葉樹的老樹或被土掩埋的樹
生長時期 梅雨期～秋　特徵 表面有光澤

逾 40 公分長的菌柄宛如拐杖
長根小奧德蘑

學名 *Oudemansiella radicata*
膨瑚菌科／擬奧德蘑屬
別名 ——

不宜 從菌蓋到地底下的根部爲止，總長可達40公分以上，因而得名。灰褐色圓錐狀的外型，菌蓋會隨生長而平展。表皮上有不規則狀的皺紋。

DATA
不宜 非一般食用菇　分布地區 日本等地
生長環境／地點 各種樹林的地面上　生長時期 秋
特徵 根部深入地下，在潮濕環境下會產生黏性。

金針菇

可食用

學名　*Flammulina velutipes*
膨瑚菌科／小火菇屬
別名　滑薄、滑茸、雪之下

說到金針菇，一般人想到的是菌柄細長、顏色雪白的菇類。

其實野生金針菇的外觀完全不是這樣。它們會在晚秋到早春之際，生長在闊葉林的倒木上。菌蓋呈黃褐色，初期為球形，再轉為凸面，接著張開至平展，最後向外翻。菌褶為白至淺黃褐色，稍偏粗大的菌褶之間還藏有小菌褶。菌柄上長有黑色的細毛，表面呈天鵝絨狀。

D A T A	**食用** 炊飯、湯品、涼拌、燉煮等　**分布地區** 全球　**生長環境／地點** 闊葉樹的倒木或根株　**生長時期** 晚秋～早春　**特徵** 菌蓋為 2～8 公分，外觀呈黃褐色，帶有黏性，整株菇體散發如鐵鏽般的氣味。

▲ 金針菇有一股獨特的香氣，因此很容易辨識。人工栽培的金針菇沒有黏性，野生金針菇則黏性很強。

冷凍金針菇製成的「金針菇冰磚」

食用金針菇的好處多多，它能有效減少內臟脂肪、改善便秘情況，同時保持肌膚水嫩彈滑。為了能更輕鬆地吃到有益健康又美味的金針菇，日本還開發出冷凍「金針菇冰磚」，可當湯底加入各種菜餚，提升菜品的美味程度，攝取後亦可有效改善便秘。

蜜環菌

可食用

學名　*Armillaria mellea*
膨瑚菌科／蜜環菌屬
別名　*boribori*、*naramotase*、折幹

從春到秋，蜜環菌會在闊葉樹或針葉樹的枯木上群生或簇生。它是有名的食用菇，各地區對它有「boribori」、「naramotase」等許多不同的稱呼。菌蓋為淡褐至茶褐色，形狀先呈半球形，之後是扁平狀，最終會展開至圓盤狀。菌蓋中央處有角鱗，蓋緣有條紋。蜜環菌雖為食用菇，但生吃會引發中毒，同時也要避免過量食用。

D A T A	**食用** 勿生吃　**分布地區** 歐亞大陸、北美、非洲　**生長環境／地點** 闊葉樹或針葉樹的枯木　**生長時期** 春～秋　**特徵** 菌蓋直徑為 3～15 公分，外觀呈淡褐～茶褐色，具有帶膜質的明顯菌環。

編按：蜜環多分類在口蘑科，本書將其分為膨瑚菌科。

▲ 有時會大量群生，數量之多甚至可覆蓋整棵倒木。

讓樹枯死的蜜環菌

蜜環菌雖然可口，但對從事林業或種植果樹的農民而言，因它是「蜜環菌根腐病」致病主因，會引發樹木枯死，且這種疾病只要發生過一次，很難根除，被視為最可怕的土壤病害之一。

清透雪白、模樣可人的菇類

杉枝茸

可食用

學名	*Strobilurus ohshimae*
膨瑚菌科／松果傘屬	
別名	——

當進入結霜的季節，杉枝茸就會生長在杉樹的枯枝或落葉上。它的菌蓋直徑約1～5公分，清透雪白的外觀非常漂亮。菌柄上端為白色，下端為土黃色，適合食用。

| D A T A | **食用** 湯品、涼拌等 **分布地區** 日本 **生長環境／地點** 杉樹的枯枝或落葉上 **生長時期** 晚秋～初冬 **特徵** 一般大多為白色，有時菌柄中央處會略帶灰色。 |

長在松果上

大囊松果菌

可食用

學名	*Strobilurus stephanocystis*
膨瑚菌科／松果傘屬	
別名	——

大囊松果菌生長的地方，是埋在泥土或落葉裡的松果。菌蓋有黑褐、灰褐、白等顏色。菌柄為土黃色，露出於地面上的部分長4～6公分，地下部分呈細長的根狀。

| D A T A | **食用** 湯品等 **分布地區** 日本、韓國、中國等 **生長環境／地點** 地下或落葉裡的松果 **生長時期** 秋～晚秋 **特徵** 從松果中生長出來 |

鮭魚粉色的大型菇類

高山絢孔菌／奶油絢孔菌

學名	*Laetiporus montanus*（針葉樹型）
	laetiporus cremeiporus（闊葉樹型）
擬層孔菌科／絢孔菌屬	
別名	——

可食用　在夏到秋季生長的絢孔菌屬菇類。菌蓋呈半圓形至扇形，表面為淺黃至朱紅色。它的表面光滑，稍有小細紋或凹凸等不甚清楚的環狀紋路。幼嫩期可食，但國外將它歸類在有毒品種，因此切勿生吃。菌蓋內面偏白至奶油色，未泛黃色。有些生長在闊葉樹，也有生長在針葉樹者，故也有人將它們視為不同種的菇類。

| D A T A | **食用** 烹調前須先汆燙，切勿生吃 **分布地區** 東亞、歐洲 **生長環境／地點** 水楢或日本冷杉等樹木的樹幹或枯木上 **生長時期** 夏～秋 **特徵** 菌蓋很大，呈鮮艷的朱紅色，蓋緣常隨生長而裂開。 |

▲ 大型菇類，較大者甚至可長到直徑約10～公分，淺黃至朱紅色的菌蓋會層層交疊生長

▲ 幼菌期菌蓋爲凸面形，蓋緣緊緊地往內捲。菌柄呈白色，但會隨生長轉爲茶色，上有鱗片。

最親民的食用菇

香菇

可食用

學名 *Lentinula edodes*
光茸菌科／香菇屬屬
別名 冬菇、厚菇、花菇、椎茸

D
A
T
A

食用 炊飯、湯品、涼拌、燉煮、燒烤、熱炒等
分布地區 日本、中國、韓國等
生長環境／地點 栲樹或水楢等闊葉樹的倒木
或根株等 **生長時期** 春、秋
特徵 菌蓋爲茶至褐色，有些棉絮狀的鱗片。

栽培歷史最悠久、食用最普及的菇類。一般多爲人工栽培的原木香菇，但也有野生香菇，近年來更以木屑栽培出不腥不臭、菇肉厚實的香菇。香菇在幼菌期的菌蓋爲凸面形，之後張開至平展；顏色則爲茶至褐色。它的表面略帶水氣，但不黏滑。菌褶爲彎生至波狀彎生，顏色偏白且生長密集。菌柄內部扎實，至根部附近有些許鱗片。香菇雖可食用，但在全生或半生狀態下食用，有些體質的人可能會出現敏症狀。外觀與毒性極強的日本臍菇相似，故需特別留意。

香菇的人工栽培

美味可口的香菇能如此平價親民，都是拜日本農業專家——森喜作先生在二戰後研發的人工栽培技術所賜。在此之前，栽培香菇的方法是以柴刀在原木上砍花，再等香菇自然生長，成功率極低；森喜作先生改變栽種方式，將香菇的「菌種」植入原木，確保香菇一定會生長。這個劃時代的方法，逐漸普及到了全球各地，成爲今日香菇人工栽培的基礎。

喇叭狀的菇類

日本臍菇

有毒

學名 *Omphalotus japonicus*
光茸菌科／臍菇屬
別名 月夜、光茸、光苔等

外觀與香菇及亞側耳相似，因此常發生誤食意外，
是一種帶有劇毒的菇類。日本臍菇的菌褶會在黑
暗中發出白光，堪稱一大特色。菌蓋為半圓形至
腎形，呈暗褐至紫褐色，表面帶有如上蠟過的光
澤。菌肉幼時為淡黃色，老熟後為白色。撕開後，
菌蓋和菌柄交界處會有黑斑，是它的辨識重點，
但有些日本臍菇的這個特徵並不明顯，需特別留
意。它的菌柄短，菌褶與菌柄間有環狀的菌環。

© hokto_o

▲ 成菌菌蓋為暗褐至紫褐色，但幼菌期為黃橙
褐色，表面布滿鱗片，並有環狀的菌環。

D
A
T
A
有毒 隱陡頭菌素 S、隱陡頭菌素 M、Neoilludin
分布地區 日本、韓國、俄羅斯沿海各地
生長環境／地點 山毛櫸或椒樹科樹木的倒木上
生長時期 夏～秋　**特徵** 交疊生長，菌褶具發光性，
呈白色且寬，會延伸到菌柄上。菌褶和菌柄間有菌環。

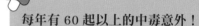

每年有 60 起以上的中毒意外！

日本臍菇和香菇或亞側耳的外貌很相似，
中毒意外層出不窮。它的毒性極強，食
用後30分鐘～1小時內就會出現嘔吐、
腹瀉或腹痛等症狀。

菇界濕度計

濕度計硬皮地星

學名 *Astraeus hygrometricus*
復囊菌科／硬皮地星屬
別名 土柿

不宜　幼菌期呈扁平球狀，老熟後外皮會展開成6～8片的星形。因
為它在乾燥時會縮成圓形，內含水分時會張開，因此又有「菇界濕度
計」之稱。

© hokto_o

D
A
T
A
不宜 非一般食用菇　**分布地區** 全球
生長環境／地點 各種樹林的地面上　**生長時期** 夏～秋
特徵 灰褐至暗褐色，成熟後展開為星形

菇菇小專欄 column

供奉菇類的廟宇

你看過供奉菇神的廟宇嗎？在南投埔里的受奉宮，供奉著香菇人工栽培的祖師爺——菇神吳
三公。當地耆老表示，據說吳三公是宋朝人，平時以狩獵與採集菌蕈為生，經過他長期觀察，
發現某些樹木被砍傷後，表層會自動長出香菇來，經過不斷的研究，終於發展出菇類的人工
培植法，受惠的菇農因而稱祂為「吳三公」，並立廟祭祀。

無獨有偶，在日本滋賀縣，也有一座全日本絕無僅有的「菌神社」；而大分縣的乾燥香菇遠近
馳名，當地香菇農家裡建造了一座「椎茸神社」；而為日本香菇栽培技術奠基森喜作，其故鄉
群馬縣桐生市，也有一座「椎茸神社」。

白色斑點就是正字標記

豹斑鵝膏

有毒

學名 *Amanita pantharina*
鵝膏菌科／鵝膏菌屬
別名 豹茸、蠅取茸

夏秋之際，在赤松樹或枹櫟等樹林裡常見的菇類。菌蓋爲褐至灰褐色，先呈半球形，後張開至平展。菌托形成塊狀鱗片，殘留在菌蓋表面。菌柄爲白色，接近中段處有膜狀菌環，末段則膨起成球根狀。近緣種的毒蠅傘也同樣是有毒菇類，都會引起消化系統及神經系統的中毒症狀，且豹斑鵝膏的毒性又更勝一籌。

> **DATA**
> **有毒** 蠟子樹酸、毒蠅素、毒蠅鹼類
> **分布地區** 北半球溫帶以北
> **生長環境／地點** 針葉或闊葉樹林的地面上
> **生長時期** 夏～秋 **特徵** 菌蓋上有許多白色的塊狀鱗片。幼菌時呈半球形，後轉爲圓錐形，甚至會張開至平展。

▲ 群生在樹林裡的地面上。菌蓋上有許多白色的塊狀鱗片，蓋緣有許多放射狀的條紋。

▼ 個頭較大者，菌蓋直徑爲6～15公分，菌柄長度約爲14～24公分。菌蓋表面平滑，潮濕時會產生黏性。

「毀滅天使」劇毒菇類

鱗柄白鵝膏

有毒

學名 *Amanita virosa*
鵝膏菌科／鵝膏菌屬
別名 破壞天使、白孤獨、鐵炮茸

夏秋之際，生長在針葉或闊葉樹林地面上的菇類。它的毒性極強，誤食後必死無疑，是非常危險的毒菇，在歐美又有「毀滅天使」（Destroying Angel）之稱。整體呈白色，菌蓋在幼菌時成蛋形至圓錐形，之後轉爲中凸狀。白色菌柄上有膜狀菌環，菌環以下滿佈鱗片，根部則有袋狀的菌托。

> **DATA**
> **有毒** 瓢蕈毒素類等。誤食後會出現霍亂般的腹瀉症狀，及肝、腎功能受損。 **分布地區** 北半球一帶 **生長環境／地點** 針葉或闊葉樹林的地面上 **生長時期** 初夏～秋 **特徵** 白色，菌柄表面有鱗片，根部有菌托。

要特別留意白色菇類

日本臍菇和香菇或亞側耳的外觀很相似，中毒意外層出不窮。它的毒性極強，食用後30分鐘～1小時內就會出現嘔吐、腹瀉或腹痛等症狀。

▲ 幼菌時期表面覆蓋著一層白色塊狀鱗片，外觀從半球形至平展，過程中鮮紅的菌蓋底色也會漸漸露出。

©hokto70

童話繪本裡常見

毒蠅傘

有毒

學名 *Amanita muscaria*
鵝膏菌科／鵝膏菌屬屬
別名 ──

DATA

有毒 蠟子樹酸、毒蠅素、毒蠅鹼類
分布地區 北半球分布於溫帶以北，南半球有歸化種
生長環境／地點 白樺樹等樹林裡
生長時期 夏～秋 特徵 紅色菌蓋上有著白色塊狀鱗片，菌柄白，上有菌環，基部圓膨。

夏秋之際，生長在針葉或闊葉樹林裡的菇類，尤以白樺等樺木屬的樹底下最多，有時甚至還能排列成環狀生長。菌蓋呈紅色，上有白色塊狀鱗片，是繪本或童話中常見的可愛菇類。然而，它卻是會引起嘔吐或腹瀉等消化系統的中毒症狀或肌肉痙攣、幻覺等的毒菇。菌蓋直徑約 6～15 公分，表面爲紅至橙色，布滿了白色塊狀鱗片。毒蠅傘老熟後，菌蓋會張開至平展，蓋緣出現短條紋。菌褶白而密，粗胖菌柄也呈白色，長度約爲 10～24 公分。菌柄上段留有膜質菌環，基部圓膨，由菌托碎片演變而來的塊狀鱗片，呈環狀附著在基部上。

雖是毒菇，卻很受人們喜愛

毒蠅傘雖是一種毒菇，但在歐洲卻是幸福的象徵，自古以來就常被畫在聖誕卡上。再加上它也常在繪本中出現，於是它那「可愛菇類」的形象，便廣傳到了全世界。1940 年上映的迪士尼電影《幻想曲》（Fantasia），當中就有會跳舞的毒蠅傘登場。而電玩遊戲《超級瑪莉》裡出現的「香菇」，據說也是以毒蠅傘爲藍本所發想出來的。

看來駭人，但滋味可口

花柄橙紅鵝膏

可食用

學名　*Amanita caesareoides*
鵝膏菌科／鵝膏菌屬
別名　──

夏秋之際，生長在栲樹、橡樹和日本冷杉等樹下的菇類。菌蓋張開後，直徑可達約6～18公分。菌柄和菌褶均為黃色，菌柄基部的白色巨大蛋形菌托，是它的一大特色。紅色菌蓋邊緣有著放射狀的條紋。從巨大菌托中長出來的艷紅菇類，外觀看來儼然是個「毒菇」，但它其實是個不折不扣的食用菇。不過，由於它的外型與有毒的毒蠅傘相似，摘採時需特別留意。

▲ 散布在樹林各處，或成列生長，菌柄為黃色，上有斑紋，還留有膜狀菌環。

DATA
食用　濃湯等湯品、燒烤、熱炒等
分布地區　日本、中國、韓國等
生長環境／地點　栲樹、橡樹等樹下
生長時期　夏～秋　特徵　基部有白色菌托，菌蓋為紅至橙紅色，蓋緣有放射狀的條紋。

與毒菇如出一轍，應特別留意！

花柄橙紅鵝膏外觀看來駭人，卻是很美味的菇類。然而，由於它的外型與有毒的毒蠅傘極為相似，在摘採時需特別留意。食用毒蠅傘後會引起嘔吐、腹瀉等中毒症狀，毒蠅傘的菌蓋上有白色疣狀顆粒，菌柄和菌褶都是白色。

猶如昂首而立的鶴

赤褐鵝膏

可食用

學名　*Amanita fulva*
鵝膏菌科／鵝膏菌屬
別名　火傷菌、火傷菇

從裂開的花苞狀菌托中長出來的菇類。修長的身影，讓人聯想到鶴。菌蓋呈明亮的茶色，蓋緣有放射狀的條紋。生吃會引發中毒，故需特別留意。

DATA
食用　嚴禁生吃　分布地區　北半球一帶
生長環境／地點　各種樹林的地面上
生長時期　夏～秋　特徵　菌蓋呈明亮的茶色，外觀與灰鵝膏相似。

毒發快速的毒菇

假褐雲斑鵝膏

有毒

學名　*Amanita pseudoporphyria*
鵝膏菌科／鵝膏菌屬
別名　──

生長在栲樹或青剛櫟等樹種下方。基部有花苞狀的菌托，菌蓋呈凸面狀至平展，顏色為灰褐至暗褐色。這種菇類帶有毒性，誤食後幾分鐘之內就會出現中毒症狀。

DATA
有毒　烯丙基甘氨酸　分布地區　日本、中國、韓國等　生長環境／地點　栲樹等樹林裡
生長時期　夏～秋　特徵　菌蓋呈半球形至平展，之後向外反捲。

白色大鱗片為其特徵

翹鱗鵝膏

學名　*Amanita eijii*
鵝膏菌科／鵝膏菌屬
別名　——

不宜　菌蓋雪白，老熟後會有部分帶淡褐色，表面有許多塊狀鱗片。菌柄呈棒狀，根部較粗，表面有許多鱗片。有毒。

DATA　不宜 食物中天然毒素成分不明　分布地區 日本、中國
生長環境／地點 混生林　生長時期 夏～秋　特徵 外觀呈白色，菌蓋上有許多塊狀鱗片，菌柄上有許多鱗片環繞。

具致命毒性

黃蓋鵝膏

學名　*Amanita subjunquillea*
鵝膏菌科／鵝膏菌屬
別名　——

有毒　菌蓋從蛋形到平展，顏色則是較黯淡的黃色。菌褶為白色，菌柄為淺黃色。菌柄表面有些細小的鱗片。它帶有劇毒，如不慎誤食，恐有致死之虞。

DATA　有毒 瓢蕈毒素　分布地區 日本、中國、韓國等
生長環境／地點 各種樹林的地面上　生長時期 夏～秋
特徵 整體呈略偏黯淡的黃色，菌柄表面有鱗片。

白色劇毒菇類

圓足鵝膏

學名　*Amanita sphaerobulbosa*
鵝膏菌科／鵝膏菌屬
別名　——

有毒　整體呈白色，後轉偏褐色，菌蓋上有許多疣狀顆粒。菌柄粗，表面有些小鱗片，菌柄上段有膜質的白色菌環，根部則膨起成球根狀。帶有劇毒。

DATA　有毒 戊烯酸、己二烯酸等　分布地區 日本、北美
生長環境／地點 樹林裡山毛櫸科的樹下　生長時期 夏～秋　特徵 白色菌柄的根部膨成球根狀

倒木上群生一整片

簇生鬼傘

學名　*Coprinellus disseminatus*
小脆柄菇科／類鬼傘屬
別名　鬼傘、一夜菇

不宜　從春到秋，簇生鬼傘會在倒木或根株上群生出密密麻麻的一整片，有時數量甚至可以多達幾千株。菌蓋直徑約1公分，起初為蛋形，後轉為鐘形，顏色為白至灰色。

DATA　不宜 形狀不適　分布地區 全球
生長環境／地點 倒木或根株等　生長時期 春～秋
特徵 菌蓋小且易破碎，上有放射狀的條紋。

如雲母般閃閃發亮

晶粒鬼傘

有毒

學名 *Coprinus micaceus*
小脆柄菇科／類鬼傘屬
別名 ──

夏秋之際，生長在闊葉樹根株或倒木上的菇類。菌蓋先呈蛋形，後轉爲鐘形。幼菌時期的表面呈淺黃褐色，上面覆蓋著一層閃閃發光的細小鱗片。菌蓋張開後，顏色就會逐漸轉爲褐色，且會沿著菌蓋上的放射狀條紋出現裂縫。菌褶先是白色，後轉爲黑色並液化。過去相傳幼嫩期可食，但近來已確認其毒性成分。

DATA
有毒 色胺、吲哚生物鹼 **分布地區** 全球
生長環境／地點 闊葉樹的根株或倒木
生長時期 夏～秋 **特徵** 菌蓋直徑 1～4 公分，幼菌時呈淺黃褐色，上面覆蓋著一層閃閃發光的細小鱗片，菌柄是細瘦的淺褐色。

© hokto o

▲ 簇生或群生在樹木的根株或其周邊的地面上。菌蓋只要稍微張開，上面就會出現裂縫，蓋緣會稍微溶解。

一夕消失的短命菇

墨汁鬼傘

可食用 有毒

學名 *Coprinopsis atramentaria*
小脆柄菇科／似鬼傘屬
別名 ──

從春到秋，在田間或院子等地生長的一種菇類。幼菌時期呈蛋形，之後菌蓋從鐘形轉斗笠形，最終蓋緣會向外反捲。菌蓋顏色爲灰至灰褐色，中央處有褐色鱗片，邊緣有溝紋。菌柄上段爲白色，下段有時會帶褐色。這種菇類的菌蓋會在一夕之間溶解，最後只留下菌柄。採摘時，它會釋放出黑色液體，這液體還曾被當作墨汁代替品。它帶有毒性，佐酒食用後會引發噁心及心悸等中毒症狀。

DATA
有毒 鬼傘素 **分布地區** 全球
生長環境／地點 庭院、田間或路旁等處所的地面上 **生長時期** 春～秋 **特徵** 菌蓋起初爲淺褐色，接著會隨生長而轉黑，最後菌蓋會溶解。菌褶初爲白色，之後邊緣會先呈紫褐再變黑。菌褶呈波狀彎生，排列密集。

© Katsuji Komiyama

▲ 菌蓋在老熟後，會從蓋緣開始逐漸轉黑，最後像滴下墨水似地溶解液化。

切勿佐酒食用

毒菇的種類繁多，一般毒菇是只要誤食就會中毒，而墨汁鬼傘在單獨食用時是安全的，但佐酒攝取就會中毒（因此有些書中會將它歸類在食用菇）。據說墨汁鬼傘佐酒食用時，會影響人體對酒精的分解，使人陷入爛醉狀態。

乳牛肝菌

可食用

學名　*Suillus bovinus*
乳牛肝菌科／乳牛肝菌屬
別名　豬口、芝茸

風味清爽，口感爽脆，是很令人垂涎的食用菇。它生長在松樹林的地面上，在各地都很受摘採野菇者的喜愛。黃褐色的菌蓋，先呈半球形或凸面形，之後會在生長過程中逐漸張開至趨近平展，成熟後則會向外翻捲。菌蓋內側有著分布成網狀的菌孔，為一大特色。厚實細緻的菌肉，傷後不會變色，但加熱後呈紅紫色，同時產生很強的黏性，口感也變得相當獨特。

D A T A　食用 湯品、涼拌、醋漬、燉煮等　分布地區 北半球分布於溫帶以北（日本、歐亞大陸、北非、東亞）　生長環境／地點 主要分布在赤松、黑松等樹林的地面上　生長時期 夏～秋　特徵 菌蓋表面呈黃褐色，稍具黏性。

▲ 同一地點會同時長出好幾個，甚至有時看起來就像交疊生長似地。此外，乳牛肝菌常與玫瑰紅鉚釘菇生長在同一處。

厚環乳牛肝菌

可食用

學名　*Suillus grevillei*
乳牛肝菌科／乳牛肝菌屬
別名　黏糰子

表面呈紅褐色，因此在日本落葉松樹林裡尤為常見，是很普遍的菇類。厚環乳牛肝菌為群生，只要發現它的蹤跡，就能一次摘採到較具規模的數量。菌蓋直徑為4～14公分，外觀從半球形到幾乎平展。若生長在濕氣較重的地方，則菌蓋會有黏性，並呈帶有光澤的狀態。菌柄上有菌環，菌環以上為淺黃，以下則為淺褐色。菌肉肉質富嚼勁，鮮味濃郁，最適合用來烹調日式料理，但過量食用時容易消化不良。

D A T A　食用 湯品、涼拌、熱炒等　分布地區 北半球分布於溫帶以北，南半球有歸化種　生長環境／地點 日本落葉松樹林的地面上　生長時期 初秋～秋　特徵 可認明它的紅褐色菌蓋，以及菌蓋表面帶有光澤的黏性，菌孔和菌柄為淺黃至鮮黃色。

▲ 多為群生，具黏性，故在潮濕處更顯光澤，從遠處也很容易發現它的存在。

白色大鱗片為其特徵

小牛肝菌

學名 *Boletinus paluster*
乳牛肝菌科／假牛肝菌屬
別名 ──

不宜 菌傘起初是偏圓錐形，後隨生長逐漸平展。表面呈紅紫色或玫瑰色，上面布滿綿絮狀至纖毛狀的細小鱗片。滋味苦，不適合食用。

DATA
不宜 無毒但味苦　分布地區 日本、北非等
生長環境／地點 日本落葉松樹林的地面上
生長時期 夏末～初秋　特徵 菌蓋呈紅色，上有鱗片。

品嘗它的口感和濃醇

美色黏蓋牛肝菌

學名 *Suillus spectabilis*
乳牛肝菌科／乳牛肝菌屬
別名 ──

可食用 **中毒** 菌蓋表面最初包覆著一層偏黃或紅色的棉質菌幕，之後菌幕裂開，化為大塊鱗片。食用前務必先汆燙，同時避免大量食用。

DATA
食用・中毒 湯品　分布地區 日本、中國大陸等地
生長環境／地點 日本落葉松樹林的枯木或地面上
生長時期 夏～秋　特徵 菌蓋為土黃色，上有紅褐色的鱗片。

烹調時妥善運用它的黏性

褐環乳牛肝菌

學名 *Suillus luteus*
乳牛肝菌科／乳牛肝菌屬
別名 黃黏欄子

可食用 **中毒** 菌蓋呈巧克力般的紅褐色，在潮濕環境下會有很強的黏性。大量食用時可能會出現消化系統方面的中毒症狀，需特別留意。

DATA
食用・中毒 涼拌等　分布地區 北半球分布於溫帶以北，南半球有歸化種。　生長環境／地點 松屬植物的樹下
生長時期 初夏～晚秋　特徵 紅褐色的菌蓋帶有黏性

嬌小可人的菇類

潔白拱頂菇

學名 *Cuphophyllus virgineus*
蠟傘科／Cuphophyllus 屬
別名 ──

可食用 菌蓋初期為凸面形，之後會隨生長而張開至平展，中央處帶有淺褐色。白色菌褶很厚，朝菌柄方向延伸。乳白色的菌肉味道清淡，不腥不臭，吃來順口。

DATA
食用 涼拌、湯品等　分布地區 日本等地
生長環境／地點 日本落葉松樹林的地面上
生長時期 秋　特徵 整體呈乳白色的小型菇，菌褶厚。

摘採費工

檸檬黃蠟傘

可食用

學名 *Hygrophorus lucorum*
蠟傘科／蠟傘屬
別名 根氣茸、小金茸

當野外可以採到這種檸檬黃色的菇類時，代表採菇季節即將進入尾聲。菌蓋直徑為2～6公分，外觀為凸面狀至平展，最後會往外反捲，在高濕環境下表面會呈現很強的黏性，為其一大特色。菌肉無臭無味，肉質軟嫩，建議在可維持它鮮艷色澤的情況下快速汆燙過後，製成涼拌等菜色，欣賞它與其他食材的色彩搭配。

<table>
<tr><td rowspan="4">D
A
T
A</td><td>食用 涼拌、炊飯、湯品等　分布地區 北半球溫帶以北　生長環境／地點 日本落葉松樹林的地面上　生長時期 晚秋～初冬　特徵 有著美麗檸檬色澤的小型菇，菌蓋和菌柄都有黏性。</td></tr>
</table>

▲ 菌傘呈檸檬黃，有時中央會帶有黃褐色，外形為凸面狀至平展。菌褶白而粗，菌柄上有不完整的菌環。

檸檬黃蠟傘又稱為「根氣茸」

檸檬黃蠟傘帶有黏性，常沾附於日本落葉松的樹葉；又因為它個頭小，在雙手冷得都快凍僵的天氣裡，伸手摘採它們需要很強的毅力，因此檸檬黃蠟傘在日本又有「根氣茸」之稱，意即很有毅力的菌類。另外，它還有一個別名叫「小金茸」，意指它是「嬌小的金菇」。

在群生地大豐收

淡紅蠟傘

可食用

學名 *Hygrophorus russula*
蠟傘科／蠟傘屬
別名 *dohyoumotase*、*akanbo*、*akanaba*、*taniwatari*

常在枹櫟、麻櫟、山毛櫸等闊葉樹林裡成列生長的一種菇類，有時也會群生成一個大圓圈。菌蓋中央呈暗紅至酒紅色，邊緣顏色較淺。生長在較潮濕的環境時會有黏性。稍帶苦味，烹調時只要先汆燙去除苦味後，就能品嘗到它的美味。口感稍乾，可熱炒或燉煮食用，摘採後易腐壞，需特別留意。

<table>
<tr><td rowspan="4">D
A
T
A</td><td>食用 湯品、熱炒、燉煮等　分布地區 北半球溫帶　生長環境／地點 枹櫟、麻櫟、山毛櫸等闊葉樹林的地面上　生長時期 秋特徵 生長在潮濕環境時，菌蓋表面會有黏性，中央處呈暗紅至酒紅色，直徑 5 ～ 12 公分。</td></tr>
</table>

▲ 淡紅蠟傘常在枹櫟、麻櫟、山毛櫸等闊葉樹林裡成列生長，外觀為帶紫色的蜜桃色。

各種菜餚均適用

褐蓋蠟傘

學名	*Hygrophorus camarophyllus*
蠟傘科／蠟傘屬	
別名	——

可食用 菌蓋直徑為4～10公分，呈灰褐至暗灰褐色，外觀為凸面狀至平展。菌褶白而粗，內有小褶。菌蓋易破損，摘採時要小心呵護。

DATA
食用 湯品、涼拌、熱炒等　分布地區 日本、歐州等
生長環境／地點 赤松或山毛櫸樹林的地面上
生長時期 夏末～秋　特徵 菌蓋呈深灰色

© Katsuji Komiyama

切勿佐酒食用

棒柄杯傘

學名	*Ampulloclitocybe clavipes*
蠟傘科／棒柄杯傘屬	
別名	巧克茸

可食用 **有毒** 菌蓋直徑為3～7公分，外型為漏斗狀，但幾呈平展，無深凹，表面為淺灰褐色。口感彈牙，佐酒食用會引發中毒症狀，需特別留意。

DATA
食用・中毒 佐酒食用會中毒　分布地區 北半球溫帶以北
生長環境／地點 赤松樹林的地面上　生長時期 秋
特徵 菌蓋呈淺灰褐色的漏斗狀

© Katsuji Komiyama

彈牙口感在歐洲很受歡迎

皺馬鞍菌

學名	*Helvella crispa*
馬鞍菌科／馬鞍菌屬	
別名	*Herbstlochel*

可食用 **有毒** 頭部如馬鞍般，呈凹凸不平的不規則狀。它的滋味不腥不臭，在歐洲是很受歡迎的食用菇，但烹調前務必先充分汆燙加熱，否則食用後易引發中毒。

DATA
食用・中毒 切勿生吃　分布地區 日本、歐洲等
生長環境／地點 樹林的地面上　生長時期 秋
特徵 頭部呈凹凸不平的不規則狀，灰白色。

© Katsuji Komiyama

中藥常用的冬蟲夏草之一

蛹蟲草

學名	*Cordyceps militaris*
麥角菌科／蟲草屬	
別名	——

不宜 從幼蟲等處生長出來的一種冬蟲夏草。高度為1～6公分，外觀為橙色棒狀。一顆蟲蛹或一隻幼蟲上可以長出一至數根蛹蟲草。

DATA
不宜 不適合食用　分布地區 日本、中國大陸等
生長環境／地點 生長在蝶蛾目幼蟲或蛹上
生長時期 初夏～秋　特徵 橙色棒狀，冬蟲夏草。

夢幻逸菇

繡球菌

可食用

學名 *Sparassis crispa*
繡球菌科／繡球菌屬
別名 土舞茸、松舞茸

繡球菌有如花瓣般的外型，極具特色。直徑可長到
10～30公分大小，形成狀似白色葉牡丹的大型菇
類。菌柄會分岔成許多根，外觀呈扁平花瓣形的波
浪狀。成熟後漸成黃色，還會散發出特殊氣味，嚼
勁也變差，因此建議於白色轉黃前食用。它受歡迎
的地方，在於口味不腥不臭，口感彈牙。燉煮固然
不錯，但更建議用它來涼拌、熱炒，或製成醃漬品等，
享受它的嚼勁。

D A T A 食用 涼拌、熱炒等 分布地區 日本、中國
大陸、韓國、歐洲、北美等 生長環境／地
點 松樹、日本落葉松、南日本鐵杉等樹種的
根部或根株 生長時期 夏～秋 特徵 白至
淺黃色，呈葉牡丹狀

▲ 長在針葉樹根部或根株上，最大直徑可達30公
分。從遠處看到生長在地面上的繡球菌，有時
還會誤以爲是兔子。

珍貴營養成分備受矚目！

野生繡球菌很難找到，因此它又有「夢幻逸菇」
之稱。在各種食用菇當中，繡球菌的β-葡聚醣
尤其豐富，因此近來繡球菌成了極受矚目的保
健食品，甚至市面上也有售繡球菌製成的營養
補充品。

高度可長到30公分以上

高大環柄菇

可食用

學名 *Macrolepiota procera*
傘菌科／大環柄菇屬
別名 握茸、雉茸、鶴茸

菌蓋最初呈蛋形，接著轉爲類似油紙傘的形狀，之
後再張開至平展。菌蓋表面呈深褐色，接著會在生
長過程逐漸出現龜裂，最後轉爲鱗片狀。菌蓋直徑
爲8～20公分，菌柄長度爲15～30公分，最長甚
至可達50公分。它的滋味不腥不臭，但生吃會引發
消化系統中毒，故請務必油炸、熱炒、煮湯等充分
加熱後再食用。此外，部分毒菇外觀與高大環柄菇
相似，因此摘採後最好請專家確認過再食用。

D A T A 食用 油炸等，嚴禁生吃。 分布地區 全球各
地 生長環境／地點 各種樹林、草地或竹林
等處的地面上 生長時期 夏～秋
特徵 菌蓋表面有大塊鱗片，高度最高甚至可
達50公分以上。

▲ 深褐色菌蓋表面會隨成長而出現龜裂，爲其一
大特徵。菌柄上段有圈狀菌環，菌環還會上下
移動。

棉花糖般口感

毛頭鬼傘

可食用

學名　*Coprinus comatus*
傘菌科／鬼傘屬
別名　一夜茸

幼菌期呈圓柱形，外層布滿白色鱗片，之後會隨著生長而逐漸張開菌蓋，並成為鐘形。菌蓋直徑 7～12 公分，菌柄長度 15～25 公分。生長約一週後，菌蓋就會因為毛頭鬼傘本身的消化酵素而被消化，溶解成黑色墨水狀的液體，最後滴落消失。由於這種一夕液化的現象，使它另有「一夜茸」的稱號。菌蓋的美味口感猶如棉花糖，很適合搭配油脂烹調食用。

D
A
T
A

食用　湯品、涼拌、燉煮、熱炒、焗烤等　分布地區　全球各地　生長環境／地點　田間、草地或路旁等處的地面上　生長時期　春～秋　特徵　菌蓋及菌柄表面有鱗片，整體則呈白色，高度約為 20 公分左右

▲ 毛頭鬼傘一如其名，菌傘表面有著毛茸鱗片。它極具稀有價值，在義大利等歐美各國都視為高級食材。

有助於提升免疫力的菇類

毛頭鬼傘含有麥角硫因 (Ergothioneine)，是一種抗氧化活性極強的胺基酸。因此，毛頭鬼傘除了具有防止老化、美白和活膚的效果之外，又由於它含有 β-葡聚醣，故一般認為它能提高免疫力、降低膽固醇。

白色圓球般的菇類

日本禿馬勃

學名　*Calvatia nipponica*
傘菌科／禿馬勃屬
別名　藪玉、藪玉子、狐屁玉、
　　　天狗屁玉等

可食用　日本禿馬勃是白色球形的菇類，體型大者直徑甚至會超過 50 公分。成熟後會轉為茶褐色，釋放孢子飄飛四散，最後整株消失不見。

D
A
T
A

食用　僅在內部尚為白色的幼菌期可食用。湯品、油炸等
分布地區　日本　生長環境／地點　田間、雜木林、竹林或庭院裡的地面上　生長時期　夏～秋　特徵　白色球形

生長在動物排尿之處

雙色蠟蘑

學名　*Laccaria bicolor*
齒腹菌科／蠟蘑屬
別名　——

可食用　雙色蠟蘑會生長在人或動物排尿過的地點，是一種阿摩尼亞菌。整體呈帶黃褐色調的肉色，菌蓋則呈凸面至中央凹陷狀，蓋緣會隨生長而變為大波浪狀。

D
A
T
A

食用　熱炒等　分布地區　日本、韓國、歐洲等　生長環境／地點　樹林裡動物排尿過的地方　生長時期　夏～秋
特徵　帶黃褐色調的肉色，菌蓋直徑 3～6 公分。

內面宛如「貓舌頭」

虎掌假齒菌 可食用

學名 *Pseudohydnum gelatinosum*
黑耳科／假齒菌屬
別名 貓舌頭

菌蓋直徑4公分，呈半圓形至扇形。因含有膠質而具透明感的外型，別具特色。此外，菌蓋內面長滿了白至黃白色的長圓錐狀齒針，也是它的一大特徵。由於菌蓋內面看似貓舌，故在日本又被稱為「貓舌頭」。這種菇類吃來不腥不臭，口感特別，能享受到膠質菌類獨有的口感，建議可稍加汆燙後醋漬，或淋上黑糖蜜做成甜點。

DATA
食用 涼拌、甜點等 **分布地區** 日本、中國大陸、巴西、歐洲、美國等地 **生長環境／地點** 針葉樹的根株或根部 **生長時期** 秋 **特徵** 菌蓋呈匙形或扇形，富膠質。個頭嬌小，直徑約4公分左右，內側有許多細小的齒針。

▲ 生長在針葉樹的枯木等地處。含膠質，具透明感，表面為淺褐至黑色，內面為白至黃白色，有時也會出現整株全白的個體。

易與金針菇混淆的劇毒菇類

簇生盔孢傘 有毒

學名 *Galerina fasciculata*
層腹菌科／盔孢傘屬
別名 毒網代笠

帶有劇毒，曾發生過誤食死亡案例。外觀呈凸面狀至平展，但有些個體的中央部分會隆起。潮濕時呈暗肉桂色，乾燥後會從中央開始變淺黃色。

DATA
有毒 引起類似霍亂的症狀 **分布地區** 日本、中國大陸等 **生長環境／地點** 舊木屑、廢木材或枯木等 **生長時期** 秋 **特徵** 菌蓋會從凸面狀至平展

別名「白松茸」

長根黏滑菇 可食用

學名 *Hebeloma radicosum*
層腹菌科／黏滑菇屬
別名 白松茸、土龍雪隱茸

生長在鼴鼠或老鼠的巢穴附近,曾留有排泄物之處菌蓋呈凸面狀至平展,上有茶褐色的鱗片。生長在潮濕地點時會有黏性,菌柄長8～15公分。

DATA
食用 熱炒等 **分布地區** 日本、歐洲 **生長環境／地點** 鼴鼠的巢穴附近，曾留有排泄物的地方。 **生長時期** 秋 **特徵** 淺黏土色至白色的凸面形

閃耀著金黃色澤

黃金蘑菇 `可食用`

學名 *Pleurotus cornucopiae var.citrinopileatus*
側耳科／側耳屬
別名 黃金占地、榆茸

醒目的鮮黃色菌蓋，初爲凸面狀，中央處會隨生長而漸凹陷成漏斗狀。菌褶會從白色轉爲淡黃色；菌柄基部則會相連，偶有分枝。口味、香氣、口感皆屬上乘，其中又以北海道人工培育的黃金蘑菇最有名。肉質在汆燙後會較有彈性，口感也較佳，最適用來烹調歐姆蛋、燉飯或濃湯等西式餐點。

DATA
食用 湯品、熱炒等 **分布地區** 日本、中國東北、俄羅斯遠東地區、韓國 **生長環境／地點** 榆樹、水曲柳、橡樹、楓樹等的倒木或根株 **生長時期** 初夏～秋 **特徵** 菌蓋直徑 2～6 公分，呈鮮黃色至淡黃色。

▲ 多半自梅雨季起，就在榆樹上生長。在北海道是很常見的菇類，在日本本州以南則鮮少生長。

▼ 多在闊葉樹（偶有針葉樹）的倒木、根株或枯木上重疊生長。

當「秀珍菇」銷售

平菇 `可食用`

學名 *Pleurotus ostreatus*
側耳科／側耳屬
別名 寒茸、片葉等

菌蓋直徑 5～15 公分，會從凸面狀展開至貝殼形至半圓形，有時還會呈漏斗狀。表面顏色從幾近黑色，陸續變爲灰色→灰褐色→白色。菌柄短，菌蓋只長在單側，香氣沉穩，滋味淡雅，適用於各種餐點，因此人工栽培相當盛行，幼嫩期的平菇在市面上會以「秀珍菇」之名販售。不過野生平菇口感和風味俱佳，美味程度很受好評。

DATA
食用 湯品、油炸、燉煮、熱炒、義大利麵等 **分布地區** 全球 **生長環境／地點** 闊葉樹的倒木或根株等 **生長時期** 幾乎全年都有 **特徵** 菌蓋在幼嫩期爲凸面狀，後隨生長轉爲貝殼狀或漏斗狀。

毒菇辨識法

平菇和日本臍菇（毒菇）的外觀非常相似。平安時期所編纂的《今昔物語集》當中，就收錄了以日本臍菇毒害他人的故事。每年都有人因誤食而中毒，請務必特別留意。剝開日本臍菇的菌柄後，內部會有黑色斑點，食用前請務必確認。

菇肉口感柔軟

肺形側耳

可食用

學名	*Pleurotus pulmonarius*
側耳科／側耳屬	
別名	——

貌似將平菇縮小、變薄後的一種菇類。菌蓋顏色呈淺灰褐色,後轉為白至淺黃色。香氣極佳,肉質偏軟,口感爽脆。

DATA　食用 油炸等　分布地區 日本、歐洲等
生長環境／地點 闊葉樹的根株或枯木
生長時期 春～秋
特徵 外觀與平菇相似,個頭較小。

人工栽培產品

杏鮑菇

可食用

學名	*Pleurotus eryngii*
側耳科／側耳屬	
別名	刺芹菇、刺芹側耳

杏鮑菇的栽培技術自1993年由歐洲引進日本,開始了商業栽培菇類,因有著杏仁香氣及鮑魚口感而得名,也成為烹調時的普遍使用食材。野生杏鮑菇菌蓋大,菌柄細,與人工栽培品有顯著不同。

DATA　食用 熱炒等　分布地區 地中海區域、亞洲
部分地區　生長環境／地點 日本為人工栽
培　生長時期 不明　特徵 野生杏鮑菇菌
蓋較大,菌柄較細。

只是簡單烤過也很好吃

亮色絲膜菌

可食用

學名	*Cortinarius claricolor*
絲膜菌科／絲膜菌屬	
別名	——

菌蓋直徑約 4～10 公分,呈金黃色至橙褐色。表面具黏性,在潮濕環境下會有黏液。最初呈凸面狀的菌蓋,會隨著生長而漸成平展,蓋緣往內捲。幼菌期的菌褶布滿白色棉絮狀的菌絲(外菌幕),後隨生長逐漸剝落,但菌幕還會殘留在蓋緣或菌柄上,為其特徵。菌肉不腥不臭,與各式菜餚都很好搭配,口感爽脆。

DATA　食用 湯品、燉煮、熱炒等　分布地區 北半球
中北部　生長環境／地點 南日本鐵杉、松樹
等針葉林的地面上　生長時期 夏～秋
特徵 凸面狀的亮土黃色菌蓋,菌柄上有白色
或黃土色的斑紋,在潮濕處會帶有黏液。

▲ 菌蓋蓋緣或菌柄上會有白色斑駁的膜狀物,是幼菌期殘留下來的菌幕。有時會在森林裡成列生長。

極品菇類熬湯一級棒

細柄絲膜菌

可食用

學名 *Cortinarius tenuipes*
絲膜菌科／絲膜菌屬
別名 偽油占地、柿濕地

菌蓋直徑4～10公分，呈凸面狀至平展，表面則
爲淺土黃色。菌柄爲6～10公分×7～11公釐，
表面先呈白色，成長後則略帶土色，有時還會大
幅彎曲。它的香氣馥郁，稍具黏性，可品嘗到爽
脆口感。此外，它的滋味不腥不臭，還能熬出鮮
美的高湯，適合烹調各種餐點，尤其加入羅宋湯
等燉煮餐點，更能彰顯它的鮮味。

DATA
食用 炊飯、湯品、涼拌、燉煮、熱炒等
分布地區 日本 **生長環境／地點** 枹櫟、麻
櫟、水楢等闊葉林的地面上 **生長時期** 秋
特徵 外觀呈亮土黃色，形狀爲凸面狀至平
展，菌柄爲白色，常彎曲。

▲ 細柄絲膜菌會在枹櫟、麻櫟、水楢等樹林裡，
以10株左右的規模依偎簇生，有時也會成列
群生。

別名易生混淆，需特別留意！

日本有不少地區都將細柄絲膜菌稱爲「柿濕地」
(kakishimeji)，易與第57頁所提到的毒菇「褐
黑口蘑」（其日文漢字亦爲「柿濕地」）混淆，需
特別留意。附帶一提，有毒的柿濕地菌傘爲4～
8公分，表面呈栗褐色～紅褐色，或較淺的黃褐
色；菌柄上段爲白色，下段是淺紅褐色。

黏滑美味是受歡迎的秘密

擬荷葉絲膜菌

可食用

學名 *Cortinarius pseudosalor*
絲膜菌科／絲膜菌屬
別名 *nururinbo*、*zukonbo*、*amenbo* 等

菌蓋直徑3～8公分，先呈凸面狀再至鐘形，最
後接近平展。表面帶有很明顯的黏性，爲土黃色
～灰褐色，中央爲深色，周圍略帶淡紫色。菌褶
初爲淡紫色，後轉爲土色～鐵鏽色。淡藍紫色的
菌柄長6～12公分，菌肉口感佳，帶有淡淡甜味。
建議可善加運用它那股帶有特殊風味的黏性，加
入味噌湯或燴煮類餐點烹煮，越熬煮滋味越醇厚。

DATA
食用 湯品、涼拌、燒烤、熱炒等
分布地區 日本 **生長環境／地點** 榆樹、
水曲柳、橡樹、楓樹等樹種的倒木或根株
生長時期 秋 **特徵** 整體帶有黏性，菌蓋
爲土黃色～灰褐色，形狀則會從凸面狀變
化成鐘形，菌柄爲淺紫色。

▲ 菌蓋先呈凸面狀，再長成鐘形，最後平展
至近反捲狀。菌蓋和菌柄表面都有黏性。

紫色是最大的魅力所在

紫絨絲膜菌

可食用

學名 *Cortinarius violaceus*
絲膜菌科／絲膜菌屬
別名 ——

紫絨絲膜菌以暗紫色爲其特徵。菌蓋直徑5～12公分，表面布滿細毛或鱗片。菌褶會從暗紫色轉爲鐵鏽色，分布稀疏。菌柄和菌蓋幾呈相同色澤，長度7～12公分，初呈天鵝絨狀，後隨生長轉呈纖維狀，根部會膨起。它雖屬於食用菇，口感彈牙，但稍帶苦味，其實並不適合食用。若要食用，建議烹調成重口味餐點較佳。

DATA
食用 但有苦味　分布地區 北半球溫帶　生長環境／地點 枹櫟、山毛櫸等闊葉林的地面上　生長時期 秋　特徵 整體呈鮮艷的暗紫色，菌蓋表面布滿細毛或鱗片

© Katsuji Komiyama

▲ 整體呈深紫色，有時甚至接近紫色，在樹林中不易發現。

細細咀嚼美味口感

皺蓋羅鱗傘

可食用

學名 *Cortinarius caperatus*
絲膜菌科／絲膜菌屬
別名 虛無僧、坊主茸、菰被

菌蓋呈土黃至土黃褐色，幼菌時呈蛋形，後隨成長漸轉爲半球形至鐘形，最終展開至幾近平展。菌蓋直徑4～15公分，表面有放射狀的皺紋，起初布滿白色至偏紫色絹絲狀纖維。有膜質和發展不完全的菌環，菌柄長6～15公分。菌肉滋味高雅，自古以來即深受人們喜愛。菌柄堅硬扎實，可品嘗到爽脆口感。

DATA
食用 湯品、火鍋、醋漬　分布地區 北半球溫帶以北　生長環境／地點 赤松等針葉樹或闊葉林的地面上　生長時期 秋　特徵 菌蓋呈土黃色，上有放射狀的淺紋，菌柄上有膜質菌環和發展不完全的菌環。

© hokto-o

▲ 這菇類外型貌似戴著桶狀斗笠、吹著日本傳統樂器——尺八的沿街化緣的僧侶，故在部分地區稱之爲「虛無僧」。

具有強烈苦味和神經毒

橘黃裸傘

有毒

學名 *Gymnopilus spectabilis*
未確定（以往列為絲膜菌科）／裸傘
別名 ──

菌蓋直徑5～15公分，外觀爲半球形～凸面狀至幾近平展，表面有金黃色的纖維狀小鱗片。菌肉散發汗臭般的臭味，咀嚼後會釋放強烈苦味。

D A T A	有毒 會引發幻覺 分布地區 全球 生長環境／地點 枹櫟、栲樹等樹木的枯木 生長時期 夏～秋 特徵 有著金黃色菌蓋 和細小鱗片

年輪般的環紋是辨識標記

黃汁乳菇

可食用 中毒

學名 *Lactarius chrysorrheus*
紅菇科／乳菇屬
別名 ──

菌蓋直徑5～9公分，外觀初爲凸面狀，後轉爲漏斗形，黃褐色的表面上有著年輪般的環紋。需留意勿過量食用。略帶辣味。

D A T A	食用・中毒 留意勿過量食用 分布地區 北 半球溫帶以北 生長環境／地點 赤松、枹 櫟等樹林的地面上 生長時期 夏～秋 特徵 表面呈黃褐色，有年輪般的紋路。

最適合燉煮菜色

紅椪乳菇

可食用

學名 *Lactarius laeticolor*
紅菇科／乳菇屬
別名 赤乳茸

菌蓋先呈凸面狀後平展，最終中央凹陷成漏斗狀。菌蓋直徑5～15公分，表面爲淺橙黃色，上有如年輪般的深色紋路。特徵是傷後會從傷口流出較多朱紅色乳液汁，且放置一段時間後仍不變色。肉質硬且易碎，但具醇厚鮮味，汆燙後略具彈性，適合火鍋或燉菜等日、西式燉煮料理。

D A T A	食用 炊飯、湯品、熱炒、燉煮等 分布地 區 亞洲遠東地區 生長環境／地點 冷杉類 樹林的地面上 生長時期 夏～秋 特徵 菌蓋表面呈淺橙黃色，上面有深色的環 紋。傷後會從傷口分泌紅色乳汁，但不變色。

▲ 生長在日本冷杉、日本銀冷杉、衛氏冷杉等冷杉屬的樹下或樹林裡的美味菇類，整體呈膚色～淺橙色。

切口流出白色嗆辣液體

辣乳菇

有毒

學名 *Lactarius piperatus*

紅菇科／乳菇屬

別名 土潛、地割、辛初

菌蓋直徑2～8公分，外觀初爲半球形，後漸轉爲
漏斗形，並有著白色至淺奶油色的不規則斑點。辣
乳菇本身無臭無味，但傷後會分泌大量白色乳汁，
這種乳汁非常嗆辣。烹調前先切碎，用清水徹底洗
去乳汁，並確實煮熟後，據說就能去除辣味。不過，
目前已知多起食用後引發消化器官中毒的案例，因
此不適合食用。

D A T A	有毒 有引發中毒症狀之虞　分布地區 北半球各地、澳洲　生長環境／地點 闊葉林或針葉林的地面上　生長時期 夏～秋　特徵 整體幾乎都呈白色，初爲半球形，之後會隨生長轉爲漏斗形。

▲ 生長在山毛櫸及枹櫟等闊葉林，或赤松和冷
杉等針葉林裡。外觀會隨著生長而漸成漏斗
狀，並出現土黃色的斑點。

滋味頗佳的食用菇

紅汁乳菇

可食用

學名 *Lactarius lividatus*

紅菇科／乳菇屬

別名 綠青初茸

幼菌期菌蓋呈中央略凹的凸面狀，後隨生長展開成
漏斗形。菌蓋直徑5～10公分，表面呈淺紅褐色至
淺黃紅褐色，帶有年輪般的紋路。傷後會滲出紅色
乳汁，切口最終會轉爲綠色，是它的一大特徵。口
感乾硬，但香氣芳馥，鮮味濃郁，各地都有人食用。
加入湯品或火鍋，可煮出美味高湯。

D A T A	食用 炊飯、湯品、燒烤、燉煮、油炸等分布地區 日本、中國、韓國　生長環境／地點 赤松、黑松樹林的地面上　生長時期 夏～秋　特徵 淺紅褐色的表面上，帶有深色環紋，切口會轉爲綠色。

▲ 切口流出紅色乳汁，接觸空氣後立即轉爲綠
色。這些綠色部分乍看像是發霉，但味
道完全沒有問題。

世界知名美味野生食用菇

紅汁乳菇是世界頗著名的美味野生食用菇，經
常供不應求。它除了鮮食外，還可以加工成爲
菌油，也可以經極速冷凍後長期保存，深具市
場前景。在日本，紅汁乳菇由於在早秋之際生
長，比其他菇類更早現蹤，故稱爲「初茸」。

乳汁黏稠的菇類

多汁乳菇

可食用

學名 *Lactarius volemus*
紅菇科／乳菇屬
別名 乳茸

傷後會流出黏稠的乳白汁液，因此在日本被稱爲「乳茸」。這種汁液略帶澀味，放置後會變爲褐色。菌蓋直徑5～12公分，起初爲中央略凹的凸面狀，最後會長成漏斗狀。表面呈淺黃褐色至橙褐色或暗褐色，觸感如天鵝絨。肉質乾硬，但燉煮後可熬出濃郁鮮味，相當可口。

DATA
食用 湯品、燉煮、熱炒等　**分布地區** 北半球一帶　**生長環境／地點** 闊葉樹林的地面上　**生長時期** 夏～秋　**特徵** 菌傘呈茶色至紅褐色，外觀爲中央略凹的凸面狀。傷後會流出帶有黏性的白色汁液。

▲ 傷後切口會流出黏稠的白色乳汁，切口部分會轉爲褐色。

菇類初學者也能輕鬆辨識

變綠紅菇

可食用

學名 *Russula virescens*
紅菇科／乳菇屬
別名 藍平次、色變、緋茸

菌蓋從凸面狀生長至漏斗狀，表面呈略帶暗沉的綠色，並隨生長而出現龜裂狀紋路，蓋緣出現條紋。菌蓋直徑6～12公分。乍看不像可食菇類，但由於無其他與它外觀相似的毒菇，容易辨識，故很受歡迎。肉質乾，口感欠佳，但風味好，可熬出很好的湯頭。不過，它含有會破壞維生素B1的酵素，故應避免大量食用，也不要生吃。

DATA
食用 湯品、沙拉、熱炒等　**分布地區** 北半球溫帶以北　**生長環境／地點** 櫟屬、樺木屬、水青岡屬等落葉闊葉樹林的地面上
生長時期 夏～秋　**特徵** 菌傘表面呈略帶暗沉的綠色，並會出現不規則的龜裂狀紋路。

▲ 除了在落葉闊葉樹林之外，還會在松屬、冷杉屬和雲杉屬等樹木下生長。菌柄白，根部較細。

別與有毒的日本紅菇搞混
美味紅菇

學名 *Russula delica*
紅菇科／紅菇屬
別名 ──

可食用 菌蓋從中央略凹的凸面狀生長至漏斗狀，表面也會從白色轉為髒髒的土黃色。它可熬出美味的高湯，但肉質偏硬。外觀與有毒的日本紅菇非常相似，需特別留意。

DATA 食用 湯品、火鍋、醃漬等 **分布地區** 北半球溫帶以北、澳洲 **生長環境／地點** 各種樹林的地面上 **生長時期** 夏～秋 **特徵** 白色漏斗狀

外型可愛但有毒的菇類
毒紅菇

學名 *Russula emetica*
紅菇科／紅菇屬
別名 ──

有毒 菌蓋直徑 3～10 公分，初期為半球形至凸面狀，後轉為平展中央略凹。菌蓋為鮮紅色搭配白花樣，是有毒的菇類。

DATA 有毒 會引起腸胃道中毒 **分布地區** 北半球、澳洲 **生長環境／地點** 各種樹林的地面上 **生長時期** 夏～秋 **特徵** 凸面狀的紅菌蓋

最好避免直接接觸的劇毒菇類
火焰肉棒菌

學名 *Trichoderma cornu-damae*
肉座菌科／肉棒菌屬
別名 ──

有毒 橙紅色的圓筒狀外型，前端為圓形或尖錐形，有時還會分岔成手指狀。它帶有劇毒，光是碰觸到就會引起皮膚炎，需特別留意。

DATA 有毒 曾發生死亡案例 **分布地區** 日本、中國、爪哇島等 **生長環境／地點** 闊葉樹林的枯木等 **生長時期** 初夏～秋 **特徵** 橙紅色圓筒狀，高 3～8 公分。

鏟狀的小型菇類
黃地匙菌

學名 *Spathularia flavida*
地錘菌科／地匙菌屬
別名 ──

不宜 從淺黃到黃褐色，外觀呈鏟狀頭部，偶有蛋形或棒狀，且前端分岔者。幼嫩期帶有透明感淺色調，有時會如列隊般群生。

DATA 不宜 非一般食用菇 **分布地區** 溫帶 **生長環境／地點** 針葉樹林的落葉裡 **生長時期** 夏～秋 **特徵** 顏色為淺黃色到黃褐色，頭部呈扁平的鏟狀，高度 2～10 公分。

長刺白齒耳菌 可食用

學名 *Mycoleptodonoides aitchisonii*
原毛平革菌科／類齒菌屬
別名 獅子茸

長刺白齒耳菌多於初秋時節，在山毛櫸類闊葉樹的倒木上，以排山倒海之勢群生交疊生長。菌蓋大小約5公分，顏色為乳白色，形狀多為扇形至貝殼形，上面幾無任何紋路。表面平滑，但內側有無數的針狀突起物，蓋緣則為不規則的波浪狀。菌肉為白色～偏黃色，柔軟卻扎實，口感近似肉類，還帶有獨特的甜美香氣。食用時可先汆燙緩和香氣。

DATA **食用** 涼拌、燉煮、熱炒等 **分布地區** 日本、中國、印度 **生長環境／地點** 山毛櫸的倒木或枯木上 **生長時期** 秋 **特徵** 顏色為乳白色，形狀多為扇形至貝殼形，大量群生，從遠處就可憑香氣辨識。

© hokto_o

▲ 易吸收水分，菇肉肉質軟，但乾燥後會變得很有韌性。若想去除甜香，可用鹽醃漬。

白黑擬牛肝多孔菌 可食用

學名 *Boletopsis leucomelaena*
煙白齒菌科／擬牛肝菌屬
別名 牛額、鍋茸、老茸

秋天生長在松樹林、或松樹雜木林地面上的一種菇類。菌蓋呈山丘狀，直徑約5～15公分，但會隨生長而從山丘狀漸趨扁平，之後中央凹陷，四周反捲。初為灰白色，後漸轉為灰褐色。菌蓋表面會呈皮革狀，或布滿一層細毛，內側則為白色菌孔狀。它雖為食用菇，但滋味微苦，是老饕才懂的美味，在部分地區的交易價格甚至高於松茸。

DATA **食用** 炊飯、湯品、涼拌、燒烤等 **分布地區** 日本、歐洲、北美 **生長環境／地點** 松樹或日本鐵杉樹林，或松樹雜木林 **生長時期** 秋 **特徵** 表面布滿一層細毛，菌肉或菌孔傷後會呈紅褐色。

© Katsuji Komiyama

▲ 菌孔先是白色，後漸轉為灰色。菌柄粗短。

乾燥後會散發獨特的香氣

虎掌菌

可食用

學名 *Sarcodon aspratus*
煙白齒菌科／肉齒菌屬
別名 獅子茸

秋天生長在闊葉樹林或赤松混生林裡的菇類。菌蓋呈向日葵般的漏斗狀，菌蓋中央凹陷至根部，表面上有大塊角鱗。幼嫩期為茶褐色，後漸轉為黑褐色。虎掌菌雖可食用，但生吃會引發中毒症狀，需特別留意。乾燥後會有獨特的香氣，烹調時要先用溫水將乾燥的虎掌菌泡軟，並倒掉黑色泡菇水，且重複數次，再放入清水中汆燙後烹調。

DATA　**食用** 嚴禁生食　**分布地區** 日本特有品種　**生長環境／地點** 葉樹林或赤松的混生林地面上　**生長時期** 秋　**特徵** 菌蓋表面有大塊角鱗，中央凹陷至根部。乾燥後會有獨特的香氣。

▲ 菌蓋內側有無數的針刺狀凸起物，這些針刺先是呈灰白色，後轉為暗褐色。菌柄粗短。

從野生動物糞便生長出來

喜糞裸蓋菇

學名 *Psilocybe coprophila*
球蓋傘科／裸蓋菇屬
別名

有毒 這種菇類生長在兔子糞便中而來。它稍具黏性，菌蓋呈茶色乾燥後則呈土黃色，但不具變色性。含有裸蓋菇素，在日本被列為管制持有品項。

DATA　**有毒** 會出現幻覺　**分布地區** 日本　**生長環境／地點** 馬、牛和兔子等的糞便　**生長時期** 秋　**特徵** 菌蓋呈半圓形至凸面狀，直徑 1～2 公分。

屬於迷幻魔菇的一種

阿根廷裸蓋菇

學名 *TPsilocybe argentipes*
球蓋傘科／裸蓋菇屬
別名

有毒 菌蓋呈圓錐形至鐘形，中央尖凸如乳頭。傷後會變藍色。阿根廷裸蓋菇在日本因屬毒品原料植物暨毒品，依法須列管，故發現時切勿摘採回家。

DATA　**有毒** 手腳麻痺或出現幻覺　**分布地區** 溫帶地區　**生長環境／地點** 有陰影的路邊或樹林裡的地面上　**生長時期** 夏～秋　**特徵** 菌蓋直徑 1～5 公分，呈茶褐色。

洋溢野趣的風味無與倫比

黏蓋環鏽傘

可食用

學名 *Pholiota lubrica*
球蓋傘科／環鏽傘屬
別名 地滑子

秋天在針葉樹及闊葉樹林裡的地面上、或埋在土裡的枯樹幹等處群生。菌蓋直徑約5～10公分，呈凸面狀至平展，顏色爲磚紅色至紅褐色。菌蓋表面四周有著略帶褐色至黃褐色的鱗片，蓋緣則有綿絮狀的殘膜。在潮濕環境下，會產生極強的黏性。菌柄長5～10公分，基部略顯圓膨，是一種洋溢野趣風味，滋味也很醇厚的菇類。外觀與具毒性的褐黑口蘑相似，需特別留意。

> **D A T A**
> **食用** 湯品、火鍋、涼拌 **分布地區** 北半球溫帶地區 **生長環境／地點** 樹林裡的地面上、或埋在土裡的枯樹幹 **生長時期** 秋 **特徵** 菌蓋呈磚紅色，蓋緣有綿絮狀的殘膜。菌柄上段爲白色，根部爲褐色，表面有纖維狀的角鱗。

▲ 菌蓋呈凸面狀至平展，顏色爲磚紅色至紅褐色，周邊部分的顏色會隨生長而轉淡。

獨特黏滑口感最美味

滑菇

可食用

學名 *Pholiota microsporaa*
球蓋傘科／環鏽傘屬
別名 ──

滑菇是在秋天如重疊般群生的菇類，有時在一處可以摘採到多達數公斤的量。它是很受大眾喜愛的食用菇，因此市面上有售許多人工栽培產品。菌蓋直徑3～8公分，顏色呈紅褐至土黃色。幼菌期爲半球形，外面裹覆一層具黏質性的膜，濕濕時很黏滑，故得此名，但黏性會隨時間過去而逐漸趨緩。野生滑菇與有毒的簇生盔孢傘或簇生垂幕菇混淆，需特別留意。

> **D A T A**
> **食用** 湯品、涼拌、燒烤 **分布地區** 日本、台灣 **生長環境／地點** 山毛櫸等闊葉樹林的倒木、根株或枯枝 **生長時期** 秋～晚秋 **特徵** 菌蓋爲紅褐至土黃色，菌柄上有含膠質的菌環，菌柄上段呈白色，下段呈淺黃褐色。

▲ 幼嫩期菌蓋邊緣往內捲，菌柄表面有斑紋。

> 滑菇表面的黏滑物質，其實是一種名叫黏蛋白的水溶性膳食纖維，具有保護胃黏膜，預防胃炎，滋潤眼睛的功能。滑菇還含有豐富的非水溶性膳食纖維──β-葡聚醣，具有提升免疫力，改善腸道環境的功效。

滋味淡雅的萬用菇

黏鱗傘

學名 *Pholiota lenta*
球蓋傘科／環鏽傘屬
別名 ──

可食用 菌蓋直徑約3～9公分，呈凸面狀，表面有黏液。菌肉口感佳，不腥不臭的淡雅風味是一大賣點。煮湯或熱炒等烹調手法，都可帶出它醇厚的鮮味。

DATA
食用 湯品、火鍋、熱炒　分布地區 日本
生長環境／地點 松樹、山毛欅樹林裡的地面上
生長時期 秋　特徵 菌蓋呈白至白茶色，外觀爲凸面狀至平展。

與滑菇相仿的滋味

多脂鱗傘

學名 *Pholiota adiposa*
球蓋傘科／環鏽傘屬
別名 ──

可食用 菌蓋直徑約8～12公分，呈凸面狀至平展，表面布滿三角形的角鱗。菌肉黏滑，風味與滑菇相似，菌柄口感爽脆。

DATA
食用 湯品、涼拌、燒烤　分布地區 日本
生長環境／地點 闊葉樹林的根株等　生長時期 夏～秋
特徵 菌蓋上有近三角形的鏽褐色鱗片

纖維狀的鱗片令人印象深刻

黃鱗傘

學名 *Pholiota flammans*
球蓋傘科／環鏽傘屬
別名 ──

不宜 菌蓋直徑約2～10公分，呈萊姆黃至硫黃色，表面布滿會脫落的纖維狀鱗片。食物毒性不明，應避免食用。

DATA
不宜 食物毒性不明　分布地區 北半球溫帶以北、澳洲
生長環境／地點 針葉樹的枯木等　生長時期 秋
特徵 菌蓋上有纖維狀角鱗

國外視為有毒菇類

磚紅垂幕菇

學名 *Hypholoma lateritium*
球蓋傘科／垂幕菇屬
別名 ──

可食用 **有毒** 菌蓋直徑約3～8公分，呈紅褐色凸面狀至平展，表面有棉絮般的角鱗。近年已發現它含有毒性成分，國外將之歸類在毒菇，故嚴禁過量食用。

DATA
食用‧有毒 熱炒等　分布地區 北半球溫帶以北
生長環境／地點 闊葉樹的根株等　生長時期 秋
特徵 紅褐色菌蓋上有纖維狀角鱗

簇生垂幕菇

個頭小毒性驚人

有毒

學名 *Hypholoma fasciculare*
球蓋傘科／垂幕菇屬
別名 ──

幾乎一年四季皆簇生或群生在闊葉樹及針葉樹的枯樹幹、根株上。菌蓋直徑2～4公分，中心部分呈黃褐色，周邊則是硫黃色。外觀先是凸面狀，後張開至平展。菌柄細長，下段呈纖維狀，且帶有光澤。簇生垂幕菇的毒性極強，有時會與可食用的磚紅垂幕菇或滑菇混淆，需特別留意。誤食會引發劇烈腹痛、嘔吐與腹瀉、發冷等症狀，嚴重者甚至有死亡之虞。

> **DATA** 有毒 毒蠅鹼 分布地區 全球 生長環境／地點 闊葉樹及針葉樹的枯枝幹或根株 生長時期 幾乎一年四季皆有 特徵 菌肉呈黃色，滋味極苦；菌褶初爲橄欖綠，後轉爲紫褐色。

▲ 菌蓋周邊留有蛛網狀的菌幕殘骸。菌柄上段爲黃色，下段爲褐色。

皺環球蓋菇

滋味猶如褐色蘑菇

可食用

學名 *Stropharia rugosoannulata*
球蓋傘科／球蓋傘屬
別名 *dokkoimotashi*

菌蓋直徑約7～15公分，呈紅褐色凸面狀，稍帶黏性，帶有裂成星形的菌環。皺環球蓋菇的口感佳，可比照褐色蘑菇使用。

> **DATA** 食用 湯品、燉煮、熱炒 分布地區 日本、歐洲等地 生長環境／地點 田間、牛或馬的糞便裡 生長時期 春～秋 特徵 有星形菌環

潔小菇

有毒的玫瑰色菇類

有毒

學名 *Mycena pura*
小菇科／小菇屬
別名 ──

菌蓋直徑約2～5公分，呈蜜桃粉、紫、灰等色，潮濕時會有線條。以手指按壓後，會散發如白蘿蔔般的氣味。近來已確定它帶有毒性。

> **DATA** 有毒 神經性中毒 分布地區 全球 生長環境／地點 各種樹林的落葉堆裡 生長時期 春～秋 特徵 有玫瑰紅、紅紫、淺灰紫等不同顏色

© hokto_o

會流出如血般的液體

紅汁小菇

學名 *Mycena haematopus*
小菇科／小菇屬
別名 血潮茸

不宜 菌蓋呈鐘形～圓錐形，直徑約 1 ～ 3.5 公分。蓋緣有鋸齒狀。傷後會流出如血般的暗紅色液體。

DATA
不宜 非一般食用菇　**分布地區** 全球
生長環境／地點 闊葉樹的枯木等　生長時期 夏～秋
特徵 傷後會分泌出暗紅色液體

© Sou Yamashita

發出綠光的模樣夢幻至極

發光小菇

學名 *Mycena chlorophos*
小菇科／小菇屬
別名 *Green pepe*

不宜 菌蓋直徑約 0.7 ～ 2.7 公分，呈淺鼠灰色，含有膠質，表面具有很強的黏性，在稍暗環境下會發出綠光。

DATA
不宜 毒性不明　**分布地區** 亞洲～大洋洲的各個熱帶島嶼
生長環境／地點 竹子、椰子等樹木的枯枝幹等
生長時期 梅雨季～秋　特徵 發光壽命 2 ～ 3 天

如珊瑚般的毒菇

美麗珊瑚菌　**有毒**

學名 *Ramaria formosa*
釘菇科／枝瑚菌屬
別名 ──

秋季群生在闊葉樹林裡的地面上，粗大的菌柄分岔生長成珊瑚狀。顏色為橙紅至蜜桃粉，菌柄前緣略帶黃色。有些甚至會長到約 20 公分，規模可比掃帚。它帶有輕微的毒性，誤食會引發腹痛、腹瀉、嘔吐等症狀，近緣種的黃枝瑚菌也帶有相同毒性。它的外觀與可食用的叢枝瑚菌極為相似，需特別留意。

DATA
有毒 毒性成分不明　**分布地區** 全球
生長環境／地點 闊葉樹林的地面上
生長時期 秋　特徵 外觀呈珊瑚狀，顏色為橙紅至蜜桃粉，成熟後會褪色，轉為褐色。菌肉為白色，傷後會變成紅褐色。

© hokto_o

▲ 如紅珊瑚般鮮艷美麗，但具毒性。

誘人的 Q 彈口感

叢枝瑚菌

可食用

學名 *Ramaria botrytis*
釘菇科／枝瑚菌屬
別名 鼠茸、鼠足

叢枝瑚菌會在秋季時生長在雜木林或海拔較高的日本鐵杉林裡，自古以來就是一種食用菇。白胖的圓柱狀菌柄會分岔生長成珊瑚狀，前端帶淺紅色。個頭較大者高度可長到15公分，直徑 15 公分以上。幼菌期的叢枝瑚菌煮過之後，口感 Q 彈美味，適合炊飯或加入湯品等各種烹調方式。它與帶有毒性的美麗珊瑚菌外觀極爲相似，需特別留意。

DATA
食用 炊飯、湯品、燒烤等　**分布地區** 日本、歐洲、北美　**生長環境／地點** 雜木林或海拔較高的日本鐵杉林　**生長時期** 秋　**特徵** 外觀呈珊瑚狀，整體爲白色，前端呈淺紅色，根部深埋在土裡。

© Katsuji Komiyama

▲ 粗而結實的菌柄分岔長成較細的珊瑚狀，整體爲白色，僅有前端呈淺紅色。

喇叭狀的外觀

毛釘菇

有毒

學名 *Turbinellus floccosus*
釘菇科／釘菇屬
別名 ──

菌傘直徑4 ～ 14公分，高度10 ～ 15公分，呈漏斗形，中央凹陷至根部，黃色表面布滿角鱗。烹調前需先汆燙過才可食用，過量食用會引發中毒。

DATA
有毒 消化系統中毒　**分布地區** 日本、中國、歐洲等　**生長環境／地點** 冷杉類樹林的地面上　**生長時期** 夏～秋　**特徵** 菌蓋呈黃色漏斗狀

© hokto_o

亮麗奪目的發光小菇

發光小菇亮著神秘光芒，讓人們爲之傾倒。目前人類還不清楚它會發光的原因爲何，有人說是「爲了吸引夜行性的昆蟲前來運送孢子」，也有「原本菌類都會發光，只是在進化過程中變得不再發亮」、「在生命進化初期，要透過氧化反應將對個體有害的過量氧氣消耗掉」等說法，衆說紛紜。它在氣溫25 ～ 30℃的高濕環境下較容易生長，在台灣阿里山光華村是著名的賞「螢光菇」景點。而日本則可在八丈島或小笠原諸島看到它的蹤跡，尤其在 6 ～ 10月是發光小菇生長的高峰期，八丈島在 7 ～ 8月還會舉辦賞菇活動，爲此安排一趟八丈島之旅，似乎也是個不錯的選擇。島上除了發光小菇之外，還有許多會發光的菇類，舉凡Favolaschia peziziformis、小扇菇、綠光蘑菇、簇生小管菌，還有一些未經鑑定物種等，共有約十種已確知的菇類。

記錄菇類生態

🍄 拍攝菇類的照片

　　拍攝照片的好處，就是可以將我們找到的菇類，用最原始的方式直接記錄下來。菇類攝影大師小宮山勝司表示，拍攝菇類的相機以單眼最為方便，至於鏡頭，以初學者而言，只要有入門款就已足夠。若想拍出更講究的照片，建議可另行添購微距鏡頭及廣角鏡頭等微距攝影用的器材。此外，菇類多半生長在樹林等較幽暗的野外，攝影時需調慢快門，因此常會用到腳架。

　　為求清楚掌握菇類的特徵，讓菇類周邊的環境也一同入鏡，是菇類攝影上很重要的訣竅。對此，小宮山先生表示：「用底片相機拍照，有時拍一張就要花上好幾個小時，但可趁機仔細觀察菇類本身的特徵或它的生長環境。」數位攝影的好處，在於人人都能輕鬆拍出漂亮的照片；刻意花時間仔細端詳，更能看出菇的特徵、或它值得關注的焦點。要拍一張「出色的菇類照片」，或許就要先懂得欣賞這種菇類的美。

可以用小型相機拍攝嗎？

若只是做個人興趣之用，當然沒有問題。不過在陰暗處拍攝時，小型相機容易手震，故建議使用專用的三腳架，或用保特瓶等隨手可得的東西充當台座。

▶ 用小型相機拍攝到的花柄橙紅鵝膏

© Katsuji Komiyama

讓您拍照更得心應手的便利小道具

鑷子、小楷毛筆、刷子等道具，適合用來撢除菇類上附著的髒汙。

隨身攜帶剪刀、小斧頭，可用來剪去菇類周邊的樹枝等雜物，固定反光板。小鏡子則是方便用來觀察菌蓋內側。

菇類攝影師、渡假小木屋業者
小宮山勝司

1942 年生於日本滋賀縣，拍攝菇類照片已有 35 年資歷。主要著作有《新山溪口袋導覽系列 10 菇類》（山與溪谷社）、《詳明菇類大圖鑑》（永岡書店）等。除個人著作專書之外，也提供自己所拍攝的照片資料給許多書籍、文獻等，同時也是「小木屋菇菇」的老闆。

🍄 何謂菇類標本？

　　製作菇類標本的目的，是希望盡可能以變形、變色最少的狀態，保存菇類原本的樣貌。菇類標本可依製作方式分為四大類，分別是乾燥標本、浸液標本、樹脂封埋標本、冷凍乾燥標本。若能了解博物館等地所展示的標本，各有什麼不同的製作方式與特性，標本就會變得更有意思。有些標本甚至可在家製作，建議您不妨試著挑戰一下，保證能讓您的菇類天地變得更寬廣。

羊肚菌的浸液標本(左)和冷凍乾燥標本(右)

乾燥標本

一般家庭最容易製作的標本，會用烘被機的熱風吹，或把菇埋在乾燥劑裡。此法雖難避免菇類變小或變色，但標本仍可用顯微鏡觀察、研究。

浸液標本

將菇類浸泡在福馬林或酒精等保存液裡製成的標本。這種標本雖然會褪色，但不必擔心蟲咬蛀。例如以白酒泡冬蟲夏草等，就是一般家庭常見類似使用方式。

樹脂封埋標本

這種標本的製作方式是將菇類當中所含的水分改用樹脂取代。此法可保留菇類的形狀，也可拿起標本觀察，但有時可能會變色。這種處理方法比較特殊，一般家庭無法操作。

冷凍乾燥標本

先將菇類以低溫冷凍之後，再調降氣壓，讓菇中的水分昇華。一般家庭雖無法做到專業等級，但可把菇類埋在細碎乾燥劑顆粒裡，再放進冷凍庫，就能做出形狀、顏色極佳的標本。

🍄 何謂孢子印？

　　成熟的菇類菌蓋內側有菌褶，讓附著在菌褶上的孢子掉落到白色或黑色紙張上，並保留它的形狀，就是所謂的孢子印。雖有例外，但孢子的顏色等特徵多半會因菇類的屬、科而有共通點，因此孢子印亦可用來作為確認孢子種類時的參考依據。

　　採取孢子印時，首先要準備已切除菌柄的菇，再將它的菌褶朝下，放在一張平坦的紙上。接著，為保持菇的濕度，要在菌蓋中央放上一塊濕的脫脂綿，然後再找一個可以完全罩住菌蓋的杯子，蓋在菇上，靜置一晚後，輕輕拿開菌蓋，此時紙上留下的，就是孢子印。

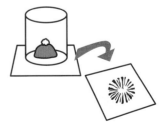

菇類郵票

　　世界各國發行了許多光看就能讓人心情大好的菇類郵票。這裡僅從攝影評論家飯澤耕太郎先生超過 3,000 張的收藏當中，選取部分介紹。

世界上最古老的菇類郵票

▲◀目前被認為是全世界最古老的菇類圖樣郵票 5 張套組。1 橙蓋鵝膏 2 尖頂羊肚菌（羅馬尼亞人民共和國，1958 年）。／與前面這套郵票於同一年發行，全套共 10 款。3 蜜環菌 4 毒蠅傘 5 美味牛肝菌 6 高大環柄菇（捷克斯洛伐克人民民主主義共和國，1958 年）7 褐環乳牛肝菌 7 雞油菌（波蘭人民共和國，1959 年）

毒菇

▲◀這套郵票一組八張，是一個只網羅毒菇的系列，彷彿是在提醒採菇人留意似地。1 鹿花菌 2 毒粉褶菌 3 豹斑毒膏 4 絲蓋傘屬（德意志民主共和國，1974 年）／在劇毒菇類右上角會有骷髏標誌，本套郵票共 6 款。5 鱗柄白鵝膏 6 毒鵝膏 7 魔牛肝菌（越南社會主義共和國，1996 年）

照片類

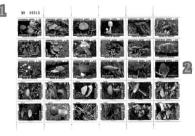

也有捨棄插圖，以菇類照片製成的郵票。1 紅絨小皮傘、紫丁香蘑、金黃硬皮馬勃等，全套共 30 款（宏都拉斯共和國，1995 年）2 詳細資訊不明（蘇格蘭大伯納拉島）

日本發行

日本發行的菇類郵票僅有「第 9 屆國際食用菇會議紀念郵票」。圖為香菇郵票（日本，1974 年）。

人物 × 菇類

前英國殖民地各國所發行的「伊莉莎白皇太后 85 華誕紀念小全張」。吐瓦魯發行的共有 9 款，包括美味牛肝菌、毒蠅傘等。（吐瓦魯，1985 年）

卡通人物

1 米妮的背景裡有菇類出現，詳細資訊不明。（聖文森及格瑞那丁，1986 年）2「愛麗絲夢遊仙境」的插畫郵票，詳細資訊不明。（格瑞那達，1987 年）3 住在菇菇屋裡的藍色小精靈，詳細資訊不明。（比利時王國）4 跳著「中國舞蹈」的菇，詳細資訊不明。（格瑞那達，1991 年）

　　世界現存最古老的「菇類圖案郵票」已如前頁所述。若以郵票上的部分圖案而言，現存最古老的則是 1984 年清朝所發行的慈禧太后六十壽辰紀念郵票，上有靈芝圖樣。另外，發行菇類郵票次數最多的，則是懸在西非幾內亞灣上的島國聖多美普林西比民主共和國。該國自 1984 年起，共發行過 16 次菇類郵票。亞洲則是以發行過 13 次的北韓拔得頭籌。據說這些缺乏外匯的國家，往往會積極發行此類郵票，把它們當作向收藏家賺取外匯的商業工具。

菇文學專家、攝影評論家

飯澤耕太郎

1954 年出生於日本宮城縣，1984 年畢業於筑波大學藝術學研究所，收集了全球各地超過 3,000 張以上的郵票。主要著作有《世界菇類郵票》（Petit Grand Publishing）、《菇文學大全》（平凡社）、《菇的力量》（Magazine House）等。長年從事「孢子活動」，也就是從文學、音樂等多樣化的角度，傳播菇類世界的魅力。

菇菇小專欄 column 菇類周邊商品

　　菇類可愛的造型，被運用在各式各樣的商品上，舉凡生活雜貨到文具、繪本、明信片、木頭人偶等都有。在此僅就菇類雜貨與二手書店「韻律＆書」的商品，為各位介紹當中幾項特別可愛的菇類商品。

▶ 復活節擺飾（德國）
老闆個人收藏

◀ 菇類擺飾（德國）
老闆個人收藏

▼ 花盆（德國）
老闆個人收藏

各式各樣的菇類雜貨

▲
蠟燭藝術家 Joulupukki
製作的蠟燭（日本）
網紋馬勃（左）
3,000 日圓
橘黃裸傘 一對（上）
3,200 日圓

▼ 繪有美味牛肝菌圖樣
的掛飾盤（芬蘭）
老闆個人收藏

Boletus edulis

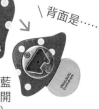

＼背面是……

↓

以毒蠅傘為藍
本所設計的開
罐器（德國）
1,200 日圓

菇類 × 木頭人偶

▲ 菇菇印章。蓋了
之後會出現「Bon
Jour」的字樣。
老闆個人收藏

▼ 和紙製成的
燈（日本）

◀ 菇類造型的木頭人偶（日
本），高度各約為 5 公分

▶ 胸前有菇菇圖案的
胸章（日本）
以上皆為老闆個人
收藏

菇類 × 外文書

▲ 在《大力水手卜派巫師之卷》（鈴木出版）當中，菇類以巫師爪牙的身分出現（日本），1950年出版

\ 內頁是…… /

▼ 捷克的卡通人物——小鼴鼠妙妙的繪本（捷克），1982年出版

\ 內頁是…… /

▶ 捷克的雜誌PRAMEN（捷克）。

▶ 有著可愛插畫的食譜（捷克）1981年出版

◀ 口袋版的菇類圖鑑（瑞典），1991年出版

菇類 × 明信片

◀ 右下角的熊腳邊有些看似毒蠅傘的菇類（原創國不明）

▼ 搬運菇類的少年和少女很可愛（捷克）。

▲ 松鼠提的籃子裡裝有看似美味牛肝菌的菇類（捷克）。

住在菇菇屋裡的藍色小精靈明信片（捷克）▶

RHYTHM_AND_BOOKS.
（韻律&書）

蒐羅了全世界可愛雜貨、二手書，以及菇類周邊商品的一家店。除了二手書之外，還有明信片、文具、雜貨等，各式各樣的菇類周邊商品應有盡有。可網購，詳情請參閱官方網站。

http://rhythm-books.com/

※ 部分商品現已無販售。

菇菇小專欄 column

菇類與娛樂圈

🍄 電影篇

　　《MATANGO》（1963 年）是在講述男女七人漂流到荒島，吃下了萬萬不可食用的菇類「MATANGO」，最後衆人被孢子侵襲全身，變爲恐怖怪人的特效驚悚電影。有人說菇怪人的靈感來自於原子彈爆炸時的蕈狀雲，而且據說吃毒菇的場景是用糯米糰製成的道具上陣。另外，由宮藤官九郎執導的第一部作品《深夜裡的彌次先生與喜多先生》（2005 年）當中，也曾出現過一座蓋在森林裡的「菇酒吧」，酒吧旁躺著一個全身長滿菇類的女人，藉菇類的力量幻想著已逝的酒保丈夫。透過菇類，將這個場景詭譎的世界觀呈現得出色到位，光看這一幕也很值得。戲中還會不時出現迷幻香菇等菇類。

「MATANGO【東寶 DVD 名作精選】」
發行、銷售：東寶

🍄 電玩遊戲篇

　　說到「菇類電玩遊戲」，最知名的當然莫過於任天堂的「超級瑪利歐兄弟」了。以短小白色菇柄和紅底白點菌蓋爲特色的「超級蘑菇」（瑪利歐吃了它之後，身體就會變成兩倍大），以及頭戴菇類菌蓋般帽子的「奇諾比奧」，或許堪稱是全世界最有名的角色。此外，在 2013 年 4 月的《Fami通》雜誌當中，曾報導過智慧型手機遊戲 APP「觸摸偵探菇菇栽培研究室」系列，累計下載次數已突破 3,000 萬次。這套遊戲最早是 Beeworks 公司在 2011 年，以「觸摸偵探小澤里奈」外傳的模式（2006 年），所開發出來的一款遊戲，現在卻變得比正宗遊戲更家喻戶曉。還有，在 Play Station3 專用遊戲「The Last of Us」當中，也有菇類亮相。這是一款生存動作遊戲，玩家必須打倒一種遭到神秘寄生菌感染的「菇人」，也就是一種像殭屍般的敵人。它在全球累計銷售數量已逾 340 萬套。

品嘗菇類

口味、香氣、口感俱佳的菇類,人們自古以來就很懂得品嘗它的美味。本章會為各位介紹一些以菇類入菜的食譜,既美味又能提升菇類保健功效的食材搭配,以及菇類口味和香氣的秘密。該如何善用菇類威力,吃得更健康?接下來就讓我們一起來探討吧!

1、越吃越美的菇類食譜

　　接下來為各位介紹幾道低卡路里、營養豐富的菇類食譜，並說明它們的營養成分及保健功效。這些菜餚都加入了很容易在超市買到的菇類食材，建議您不妨積極地把它們加進您日常的餐點中吧！

菇類是美味又有益健康的萬能食材！

　　我個人也很喜歡吃菇，每天的餐點菜餚裡都少不了菇類食材。

　　菇的種類豐富，飽含鮮味，因此很適合搭配魚、肉、蔬菜等各種食材。此外，菇類也很適合烹調中、西、日各式菜餚，讓人可以每天品嘗菇類料理，百吃不膩。

　　不僅如此，菇類的卡路里低，又富含營養成分，最適合用來為你我打造健康的身體！尤其是許多現代人容易缺乏的膳食纖維，在菇類當中的含量相當豐富，可清腸排毒，除了有助於預防便秘和美容，還可望帶來多種保健功效。此外，菇類能為菜餚增量，吃起來有飽足感，這一點也很讓人滿意。

　　對了！各位聽過「菌活」這個詞彙嗎？

　　除了醬油、味噌、納豆等日本的傳統食品之外，其實起司、美奶滋等食物，也都是借用菌的力量製成。力行「菌活」，也就是在每天的飲食中搭配攝取菌類，就可望達到提升免疫力的功效，因此「菌活」是你我宜積極培養的好習慣。菇類 100% 由菌構成，是菌中之王，堪稱最適合用在「菌活」上的食材。

食譜審訂／**浜內千波**

　　料理研究家，主持家庭烹飪學校（Family Cooking School）之營運，在各大媒體、電子報、演講、菜單開發等諸多領域都很活躍。浜內女士以「想仔細傳授家常菜」念頭為出發點，為顧客提供從菜餚到生活型態等各方面的建議。尤其她運用自身減重經驗，所開發出的低卡或健康菜餚等，廣受好評。

滿滿菇菇♪奢華義大利麵

選用菇類	杏鮑菇	鴻喜菇	雪白菇
烹調時間	20分鐘	492大卡/份	

材料(4 人份)

鴻喜菇……100公克
雪白菇……100公克
杏鮑菇……100公克
洋蔥……1/2顆
橄欖油……2大匙
蕃茄醬……6大匙
蕃茄糊(市售)……1罐(300公克)
鹽……適量
胡椒……少許
義大利麵……320公克
山茼蒿……200公克
起司粉……4大匙
黑胡椒……依個人口味酌量
洋香菜……依個人口味酌量

做法

❶ 切除鴻喜菇和雪白菇的根蒂後,分成小朵。杏鮑菇則切成方便食用的大小。

❷ 將洋蔥切末後,與❶和橄欖油一起放入平底鍋中,蓋上鍋蓋燜煮至變軟,再加入蕃茄醬拌炒。

❸ 在❷中加入蕃茄糊,並以鹽和胡椒調味。

❹ 依包裝標示之滾水量煮義大利麵,待麵煮至彈牙,再將切成方便食用大小之山茼蒿下鍋汆燙,瀝乾備用。

❺ 將煮好的義大利麵和山茼蒿倒入裝有菇類和醬汁的平底鍋中迅速拌炒,並加入鹽和胡椒調味。

❻ 起鍋前撒上起司粉,並依個人喜好酌量加入黑胡椒和洋香菜。

> 蕃茄醬請仔細拌炒均勻喔!炒過之後可緩和它的酸味,鮮味更濃!
>
> 烹調POINT

營養小常識

菇類富含「美容維生素」之稱的維生素 B2,有助於打造美麗膚質,維持肌膚健康。而搭配的山茼蒿,也富含能防止肌膚老化的 β 胡蘿蔔素及維生素 C、E 等。搭配菇類一起食用,美膚效果更佳。

暖呼呼♪菇菇麻婆豆腐

選用
菇類

 雪白菇

 舞菇

烹調時間	10分鐘	184大卡/份

材料(4人份)

雪白菇……100公克
舞菇……100公克
板豆腐……2塊(600公克)
豬絞肉……100公克
薑……2小塊
日本長蔥……8公分
太白粉水……2大匙
麻油……適量
七味辣椒粉……適量
味噌……4大匙
醬油……2大匙
砂糖……2小匙
酒……2大匙
水……1杯

做法

❶ 切除雪白菇的根蒂後,將它和舞菇都分成小朵。

❷ 板豆腐切成1公分小丁,薑和日本長蔥切末。

❸ 開中火,放上平底鍋後,在鍋中炒豬絞肉,接著再把薑、長蔥(留少許)和★的調味料倒入鍋中煮滾。

❹ 菇類和豆腐下鍋,再燉約2分鐘。

❺ 倒入太白粉水勾芡,最後再撒上預留的蔥末和七味辣椒粉,淋上麻油。

用家中現有的食材,就能輕鬆做出這道菜喔♪切記別將菇類煮太久,以呈現帶有口感的麻婆豆腐!

烹調POINT

營養小常識

菇類富含膳食纖維 β-葡聚糖,能有效提升免疫力。搭配的薑、蔥和辣椒裡所含的辣味成分,能促進代謝,提高體溫,進而提升免疫力。在季節交替,或身體狀況欠佳時,不妨一邊品嘗這道口味溫和的麻婆豆腐來攝取營養,也讓自己喘口氣放鬆一下吧!

平底鍋就能烤♪菇菇披薩

選用
菇類

杏鮑菇　舞菇

烹調時間	20分鐘	214大卡/份

材料(4 人份)

杏鮑菇……50公克
舞菇……50公克
鮪魚罐頭(瀝除湯汁)……40公克
玉米……30公克
蕃茄……中型1/2顆(50公克)
青椒……1顆
起司絲……50公克

★
麵粉……85公克
鹽……少許
雞蛋……50公克
橄欖油……2小匙

★
蕃茄醬……1大匙
研磨芝麻粉……1大匙
橄欖油……1小匙

做法

❶ 杏鮑菇切成方便食用的大小，舞菇分成小朵後，兩者皆不覆蓋保鮮膜，送進微波爐加熱(600W：約4分)，去除多餘水分。

❷ 蕃茄切成薄片。青椒取出種子後，橫切成環。

❸ 將 ★ 號材料放入大碗中拌勻。

❹ 將 ❸ 放入平底鍋，覆蓋一層保鮮膜，隔著保鮮膜用手將麵皮整型成適當大小後，拿掉保鮮膜，並用長筷在麵皮上戳幾個小洞。

❺ 混合★號材料，調成醬汁，抹在 ❹ 上。

❻ 在 ❺ 上放蕃茄、青椒、菇類、鮪魚、玉米和起司絲後，以偏弱的中火烤10~12分鐘。

為避免麵皮在烤過後呈現凹凸不平的狀態，別忘了事先在麵皮上戳幾個小洞喔！
烹調POINT

營養小常識

菇類富含維生素 B 群，它是人體代謝醣類和脂質、製造能量時不可或缺的營養成分。食用菇類不僅可促進代謝活化，有助減重，還能帶給我們每天所需的活力。

滿滿好料♪菇菇健康漢堡排

選用
菇類

 杏鮑菇　 舞菇　鴻喜菇

烹調時間	15分鐘	262大卡/份

材料（4 人份）

● 菇菇漢堡排

舞菇……100公克
牛豬混絞肉……300公克
雞蛋……1顆
鹽……2/3小匙
胡椒……適量
沙拉油……1大匙

● 菇菇醬

杏鮑菇……100公克
鴻喜菇……100公克
　　醬油……1.5大匙
★　味醂……1.5大匙
　　水……1/2杯
太白粉……2大匙
白蘿蔔泥……100公克

做法

❶【漢堡排】在牛豬混絞肉上加鹽和胡椒揉勻後，再加入打好的蛋仔細揉勻。

❷ 舞菇分成小朵，與 ❶ 混合均勻。

❸ 在鍋中倒入油，將分成四等分的漢堡排放入鍋中，以中火煎至兩面熟透。

❹【菇菇醬】杏鮑菇切薄片。鴻喜菇切除根蒂後，分成小朵備用。

❺ 在平底鍋中加入 ❹ 和 ★ 的調味料後，以中火燉煮至菇類熟透，再加入太白粉拌勻。

❻ 將漢堡排盛入盤中，淋上菇菇醬汁，佐白蘿蔔泥即完成。

舞菇含有蛋白質分解酵素，有了這股助力，肉就會變得蓬鬆軟嫩喔♪

烹調 POINT

營養小常識

菇類熱量低，又富含膳食纖維，可在不增加太多卡路里的情況下，增添菜餚的份量。此外，菇類和肉類當中富含的維生素 B1，能促進人體代謝疲勞物質，是一種有助於消除疲勞的營養成分。搭配維生素 B 群一併攝取，更能發揮綜效，保健效果可期。

輕輕鬆鬆♪微波爐菇菇鹹派

選用
菇類

杏鮑菇　雪白菇

烹調時間	20分鐘	127大卡/份

材料(4人份)

雪白菇……100公克
杏鮑菇……100公克
洋蔥……1/4顆
鮪魚罐頭……40公克
玉米……50公克
雞蛋……2顆
牛奶……100公克
起司絲……50公克
鹽……1/2小匙
黑胡椒……適量

做法

❶ 雪白菇切除根蒂,並分成小朵。杏鮑菇切薄片。

❷ 洋蔥切粗末,和❶混合後,覆蓋保鮮膜,送進微波爐加熱(600W:約3分)。

❸ 在大碗中放入鮪魚、玉米、雞蛋、牛奶、鹽和胡椒後,混勻備用。

❹ 在烤盅內鋪上❷,再倒入❸,撒上起司絲後,送進微波爐加熱(600W:約12分)。

用微波爐就可簡單做出好料理♪冰涼後再吃也很美味喔!不妨用您喜愛的當令時蔬等材料。

烹調 POINT

營養小常識

菇類當中最具代表性的營養成分──維生素D,可提升腸道對鈣質的吸收力。若搭配富含鈣質的牛奶或起司食用,對正值發育期的兒童骨骼生長、強健骨質,都很有幫助。

超級簡單♪菇菇飯

選用菇類　鴻喜菇　雪白菇

烹調時間　10分鐘　278大卡/份

材料（4人份）

米……2杯
鴻喜菇……100公克
雪白菇……100公克
薑……1片
鹽……約1小匙

> 菇類只要用餘熱就能煮熟，烹調超級簡單♪可依各人喜好加入芝麻或吻仔魚，也很好吃喔！
>
> 烹調POINT

做法

❶ 白米洗淨，以電鍋煮成白飯。

❷ 鴻喜菇和雪白菇切除根蒂後切碎；薑切末備用。

❸ 在煮好的飯上加入菇類、薑和鹽，稍微攪拌後，蓋上電鍋蓋燜2～3分鐘，待菇類熟透後即完成。

營養小常識

菇類每100公克的卡路里不超過20大卡，熱量極低，卻含有相當豐富的膳食纖維，吃起來很有飽足感，很適合用來減重。菇類所含的豐富鮮味成分，在60℃左右時最能充分釋放，用電鍋餘熱慢慢加熱，可讓菇類鮮味備增，吃起來更令人滿足。

超營養♪馬鈴薯燉菇

選用菇類　鴻喜菇　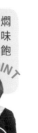杏鮑菇

烹調時間　10分鐘　278大卡/份

材料（4人份）

鴻喜菇……50公克
杏鮑菇……50公克
馬鈴薯……4顆
紅蘿蔔……1/5根
洋蔥……1/2顆
醬油……約3大匙
酒……約3大匙

> 這道菜不加肉，但燜煮過後的菇類，鮮味更濃，是一道吃來飽足滿意的菜色。
>
> 烹調POINT

做法

❶ 馬鈴薯洗淨後去皮，切成一口大小，泡水備用。

❷ 鴻喜菇切除根蒂後，分成小朵。杏鮑菇、紅蘿蔔和洋蔥切成一口大小。

❸ 在鍋中放入❶和❷，再加入醬油和酒燜煮。

❹ 沸後以中火繼續慢燉至酒精揮發，期間需不時攪拌。

營養小常識

菇類含有豐富膳食纖維，有助於消除便秘膳食纖維除了能成為腸道好菌的食物，還能促進腸道排出積存的老廢物質，調整腸道環境。而改善腸道環境之後，不僅能讓人體吸收到必需的營養，還能刺激腸道分泌維生素和荷爾蒙。

子喝♪ 菇菇鮮蝦清湯

選用菇類 鴻喜菇 雪白菇

烹調時間 15分鐘 102大卡/份

材料(4人份)

鴻喜菇……100公克　　蝦……8尾
雪白菇……100公克　　水……3杯
白菜……200公克　　　鹽……約1小匙
紅蘿蔔……60公克　　　胡椒……少許

做法

❶ 鴻喜菇和雪白菇切除根蒂後切粗末;白菜和紅蘿蔔切成1公分小丁。

❷ 在鍋中放入❶的食材後,蓋上鍋蓋,以小火燜煮約10分。

❸ 食材煮熟後加水,並以鹽和胡椒調味。接著再放入切成1公分小丁的蝦,煮至蝦肉變色即完成。

食材大小統一,能讓視覺和口感更加分。是一道不加多餘調味,很能彰顯食材美味的湯品♪
烹調POINT

營養小常識

菇類含有豐富的鉀離子,能促進身體排出多餘的鹽分,消除水腫。搭配的白菜也含有大量鉀離子。鉀離子易溶於水,所以做成湯品,就能喝到每一滴營養。是一道充分運用食材鮮味的薄鹽清湯,喝來清爽又排毒!

洋滋味♪ 淺漬鮮菇

選用菇類 杏鮑菇 雪白菇

烹調時間 10分鐘 20大卡/份

材料(4人份)

杏鮑菇……100公克
雪白菇……100公克
小黃瓜……2根
蘘荷……2個
紅辣椒切圓片……適量
市售淺漬醬料……適量

菇類只以微波爐加熱,所以不用開火也能煮,是很方便的一道菜喔♪歡迎搭配您喜愛的蔬菜一起享用!
烹調POINT

做法

❶ 杏鮑菇切成方便食用的大小;雪白菇切除根蒂後,分成小朵。兩者一起覆蓋上保鮮膜,送進微波爐加熱後(600W:約3分),稍微放涼備用。

❷ 小黃瓜斜切1公分寬,蘘荷對半直切。

❸ 在塑膠袋中放入❶、❷和紅辣椒,再倒入淺漬醬料並仔細搓揉,最後放進冰箱醃漬約30分鐘即可。

營養小常識

菇類富含鳥胺酸,能提升肝臟功能的營養成分,因此對預防宿醉或消除疲勞都很有效。預先做好放在冰箱冰涼,就可隨時當作下酒小菜,或覺得特別疲憊時,拿它當個清爽配菜,是一道不可多得的方便佳餚。

2・菇菇這樣煮，很好吃！

菇類適合烹調中、西、日各式菜餚，運用方便，是值得家中常備的食材。為了讓菇類吃起來更美味，就讓我們先來檢視各種烹調手法的特色和注意事項吧！只要變換烹調方式和調味，就能變出數不盡的拿手菜。

菇類烹調法

燒烤

將菇類放上烤網或烤魚機，就能適度烤乾菇類當中所含的水分，讓它原本的鮮香風味更濃郁。不論是直接食用，或加薄鹽調味，都很可口。若不刷油燒烤，卡路里更低，吃起來更健康。

燉煮

在60～70℃這個溫層時，菇類的鮮味成分會逐漸增加，因此要將菇類和水一起放入鍋中精燉慢煮，而不是丟進滾沸的熱水裡。此外，燉煮太久會影響菇類口感和風味，要留意別煮過頭囉！

油炸

用大火快速炸過，能減少菇類因加熱所造成的維生素流失，還能享受到菇類的嚼勁和口感。不過，由於菇類容易吸油，油炸後卡路里大多偏高。因此，切記短時間油炸即可，建議別裹粉油炸約十秒。

清炒

清炒鮮菇可讓您輕鬆品嘗到菇類的嚼勁和口感。為避免菇類當中的維生素等營養成分流失，建議用大火快炒。此外，由於菇類容易吸油，因此清炒時鍋裡只要倒入一層薄油即可。菇類越炒就會析出越多水分，所以能輕鬆拌炒，不黏鍋底。

水煮

菇類只要一下鍋水煮，維生素和礦物質等水溶性的營養，就會釋放到熱水裡，因此不太建議使用這種烹調方式。別倒掉含營養成分的煮菇湯，可妥善運用在其他菜餚的烹調上。煮菇湯充滿菇類鮮味與濃醇，不妨用來當湯底或當提味高湯。

清蒸

一般認為以100℃以上高溫烹調菇類時，會破壞它們的營養成分、鮮味和香氣，但以70℃低溫蒸煮，就能保留營養，又能提升鮮味。此外，建議您也可將菇類包上鋁箔後再蒸，更能封住香氣和鮮味。

醃漬

以醬油醃漬或油泡時，切記使用加熱過的菇類。菇類含有豐富的膳食纖維，易入味，鮮味足，故能打造出溫和圓潤的好口味。放涼後再吃，軟硬適度好吞嚥，胃口不佳時也吃得下，運用方便靈活。不過醃漬的菇類不宜長期保存，應特別留意。

乾燥

乾燥能鎖住菇類的鮮味，讓它們更便於保存。此外，菇類當中所含的維生素D，會因為照射紫外線而增加。不過，在家中自行製作乾菇，可能因環境條件不夠完善而孳生細菌，引發食物中毒等問題，故需特別留意食品衛生。此外，菇類乾燥後，會喪失原本菇類特有的Q彈嚼勁。

NG 切勿生吃

菇類因富含食物纖維，生吃可能會引發消化不良或腹瀉等症狀，故請務必加熱後再食用。雖然在部分國家會用生蘑菇等菇類來製作沙拉，但原則上還是建議各位煮過再吃。

提升菇菇美味的食材

　　菇類鮮味濃郁，搭配各種食材都能相得益彰。這裡特別選出幾種建議食材，搭配菇類烹調食用，營養和保健功效更佳。

雞蛋

雞蛋含有豐富的維生素、礦物質和蛋白質，營養均衡，但缺乏膳食纖維。菇類是健康且富含膳食纖維的食材，搭配雞蛋烹調入菜，就能輕鬆攝取到強健體魄所需的營養。

菇類 × 雞蛋 建議菜色：煎蛋、蛋花湯、鹹派、蛋包飯

牛奶

牛奶和起司富含鈣質，而菇類當中的維生素D，則能提高人體對這些鈣質的吸收率。此外，菇類當中含有GABA（一種胺基酸）成分，能鎮靜神經興奮，具放鬆舒緩效果;而牛奶和起司等乳製品當中，也含有一種名叫色胺酸的胺基酸，它是人體內製造「血清素」——能讓身體放鬆舒緩的物質——的原料。兩者搭配食用，可望帶來更好的舒緩效果。

菇類 × 牛奶 建議菜色：濃湯、鹹派、焗烤、鬆餅

豬肉

菇類含有豐富的維生素B群，而豬肉也富含維生素B1。B群與其他維生素一起攝取，更能發揮加乘綜效。因此菇類搭配豬肉入菜，可望更提升維生素B群的促進代謝、消除疲勞等功效。

菇類 × 豬肉 建議菜色：漢堡排、鮮菇炒豬肉、咖哩、肉卷、涮豬肉

雞肉

相較於其他肉類，雞肉滋味較淡，熱量又低。搭配菇類烹煮，能更顯鮮美，化身為一道有飽足感的菜色。此外，舞菇因含有可分解蛋白質的酵素成分，搭配雞肉當中特別平價的雞胸肉，舞菇就能充分發揮酵素的力量，讓您煮出軟嫩多汁的雞肉菜餚。

菇類 × 雞肉 建議菜色：照燒、清蒸、粥品、沙拉

辛香類蔬菜

大蒜和蔥的香氣來自大蒜素(allicin)，可提升維生素B群在人體的吸收率和作用力，而菇類當中就富含維生素B群。它是熱量代謝時不可或缺的營養成分，亦有助於滋補活力及減重。

菇類 × 辛香類蔬菜 建議菜色：西班牙香蒜鮮菇（Ajillo）、麻婆豆腐、義大利麵、炒鮮菇

亮皮魚

秋刀魚等亮皮魚富含鈣質，而菇類所含的維生素D，能提高人體對鈣質的吸收率。亮皮魚烹調後會有種獨特的氣味，而菇類滋鮮味美卻不腥羶，搭配亮皮魚一同入菜，更能彰顯魚的優點，讓菜餚吃起來更濃郁有味。

菇類 × 亮皮魚 建議菜色：鋁箔燒烤鮮魚、香煎鮮魚、魚丸湯、白醬奶香鮮魚

白肉魚

菇類鮮味濃郁，搭配滋味較淡的鱈魚等白肉魚，可望提升整道菜餚的鮮味。魚類雖是優質蛋白質來源，但膳食纖維含量略嫌不足。搭配菇類一起烹煮，熱量雖低，吃來卻很有飽足感，是一道滿口鮮美的菜色。

菇類 × 白肉魚 建議菜色：清蒸鮮魚、燉煮、火鍋、紅燒

豆腐

豆腐是優質蛋白質來源，還含有異黃酮這種多酚成分。多酚除了能發揮與女性荷爾蒙相似的作用之外，還可透過抗氧化功效來達到美容效果。而有「美白維生素」之稱的維生素B2，在菇類當中的含量相當豐富。因此豆腐與菇類一同入菜，堪稱是柔嫩肌膚的絕佳組合。這兩種食材不僅熱量都很低，烹調後還能品嘗到菇類的鮮美滋味，也是一大亮點。

菇類 × 豆腐 建議菜色：麻婆豆腐、火鍋、涼拌、味噌湯

蕃茄

菇類富含鮮味成分「鳥苷酸」，蕃茄則富含另一種鮮味成分「麩胺酸」。這些鮮味成分搭配後，能發揮加乘效果，鮮上加鮮。兩者一同入菜，不僅菜餚更美味，還能減少鹽分攝取，讓您享受健康又美味的餐點。菇類中所含的維生素B群，和蕃茄裡的茄紅素，皆可望帶來柔嫩肌膚的效果。

菇類 × 蕃茄 建議菜色：義大利麵、湯品、歐姆蛋、沙拉

牛蒡

含有豐富的膳食纖維，牛蒡亦然。此外，牛蒡的香氣濃郁，口感富嚼勁，而菇類則市鮮香不腥羶，因此能彰顯牛蒡的優點，又能用菇類鮮味營造出菜餚的整體感。

菇類 × 蕃茄 建議菜色：肉卷、燉煮類、湯品、沙拉

馬鈴薯

菇類富含有「美容維生素」之稱的維生素B2，有助於皮膚、指甲和頭髮的新陳代謝。馬鈴薯則含有豐富的維生素C，具抗氧化作用。兩者一併攝取，可望達到柔嫩肌膚的功效。此外，維生素C還能提高身體的免疫力，而菇類所含的 β-葡聚醣則能活化免疫細胞，兩個一起入菜烹調，可望發揮預防感冒的效果。

菇類 × 馬鈴薯 建議菜色：馬鈴薯燉肉、焗烤、鮮菇炒馬鈴薯、咖哩、馬鈴薯沙拉

小松菜

菇類富含維生素B群和維生素D，小松菜則含有維生素A、C、E，搭配食用可均衡攝取各種維生素，有助於美白及提升免疫力。此外，小松菜富含鈣質，與菇類當中的維生素D一併食用，可提高鈣質的吸收率，也是一大好處。

菇類 × 小松菜 建議菜色：燙青菜、涼拌、清炒、湯品

白菜

菇類和白菜都富含鉀，有助於人體排出多餘的鹽分，進而預防高血壓，消除水腫。此外，鉀與人體肌肉能否正常運作有關，充分攝取含鉀食物，能消除倦怠和疲勞。此外，菇類富含鳥苷酸，白菜富含麩胺酸，這些鮮味成分搭配烹煮，能讓菜餚鮮上加鮮，更顯美味。

菇類 × 白菜 建議菜色：白菜卷、清蒸、火鍋、湯品

海帶

菇類富含非水溶性膳食纖維，能讓糞便吸水膨脹；海帶則富含水溶性膳食纖維，有助軟便。非水溶性和水溶性膳食纖維的攝取比例宜為2：1，因此菇類搭配海帶一併食用，就能均衡攝取兩種膳食纖維，且足量攝取膳食纖維，可望有效改善便秘。此外，菇類所含的維生素D，能提高人體對海帶所含鈣質的吸收率，協助你我打造強健的骨骼。

菇類 × 海帶 建議菜色：沙拉、醋拌小菜、湯品

蝦、章魚、花枝

菇類所含的鳥胺酸成分，有助於肝臟功能運作，還能加速乙醛——一種造成宿醉的物質——在人體中的分解；蝦、章魚和花枝當中富含的牛磺酸，具有改善肝功能的功效，因此把它們做成下酒菜端上桌，就能發揮保護肝臟的雙重效果，預防宿醉。此外，菇類含鳥苷酸和麩胺酸，蝦類當中含有琥珀酸，這些鮮味成分搭配使用，可發揮加乘效果，讓餐點更美味可口。

菇類 × 蝦、章魚、花枝 建議菜色：西班牙香蒜蝦、燉飯、義大利麵、湯品、酒蒸海鮮、沙拉

味噌

屬於真菌的菇類，和味噌一併食用，可改善腸道健康。此外，菇類的鮮味足，味噌也毫不遜色。兩種鮮香食材同時入菜烹調，即使只加少許鹽也很美味，讓您吃得健康，還能預防生活習慣病。

菇類 × 味噌 建議菜色：味噌湯、味噌炒鮮菇、燉煮、佃煮

3·有好菌，身體就健康

近來，能妥善發揮菌類威力的飲食方式，備受特別留意健康或美容的消費者矚目。只要多吃有益身體健康的「菌」類，就能輕鬆活得健康又美麗。

 ## 多吃菌類食材

在餐點菜餚中多選擇食用對身體有益的菌類，其實最重要的條件就是持之以恆。多養一些住在腸道裡的好菌（有益菌），做好腸道環保，就能改善代謝和免疫力，打造健康美麗的身軀。有益健康的菌類食材，除了一時蔚為風潮的鹽麴、納豆、起司、優格和紅酒等發酵食品之外，別忘了還有菇類。在菌類食材當中，菇類是唯一「肉眼可見的菌類」。有益健康的主要菌類可分為兩大類：「真菌」和「細菌」（bacteria）。「真菌」包括菇類、酵母菌和麴菌；「細菌」包括乳酸菌、納豆菌和醋酸菌等（詳見次頁介紹）。建議各位不妨多了解這些菌類的威力，讓我們吃得更健康！

人類的腸道裡有 500 種以上、數量逾 100 兆隻、總重約達 1~1.5 公

真菌
菇類
酵母菌
麴菌

細菌
乳酸菌
納豆菌
醋酸菌

人與菌類的關係

斤的常在菌。這些腸道菌生活在人類的腸道內，並在此獲取養分，但也會為人體健康做出貢獻，製造養分。

腸不僅負責人體內的養分消化吸收和排泄，同時也是人體最大的免疫器官，是掌握你我健康的關鍵。菌類和其產生的物質，在腸道內發揮效用，促進好菌增生，為我們的身體帶來各種健康益處，例如改善甚至預防生活習慣病等。不過，從外部攝取的這些菌類，終究還是會被排出體外，因此能否持續食用，是保健的一大關鍵。此外，膳食纖維和寡糖是讓好菌增生的糧食來源，因此兩種成分一起攝取，也非常重要。

菌類產生的物質
·菌類製造的健康成分
·菌類製造的養分
·屬於有益菌的活菌

▼

腸道
·提升免疫力
·整腸功效
·合成維生素、荷爾蒙

▼

改善、預防生活習慣病等疾病

有益健康的主要菌類

菇類

在日文當中,「菌」這個字可讀作「KINOKO」(即「菇類」之意),因此菇類堪稱是菌類當中最具代表性的一種。菇類就是菌類的集合體,是可以直接把整個菌類拿來食用的食材。它們的熱量低,除含有豐富的維生素之外,還富含好菌的食物來源——膳食纖維,是有益健康的好食物。

酵母菌

釀製紅酒或啤酒,以及製作麵包,都少不了酵母菌。而生產味噌、醬油和日本酒等,也都會用到它。一般多認為這些酵母菌有助於消除便秘,並可抑制血糖上升。

麴菌

麴菌是在日本這種濕度甚高的氣候風土下,所孕育出來的獨特菌種。它可製造出多種酵素,而人類會運用這些酵素來生產日本酒、味噌、醬油、味醂、鹽麴、甜酒和柴魚等。因為這些酵素的作用,使得人體更容易吸收食品當中所含的營養。

乳酸菌

優格、起司、米糠醬菜和泡菜等食品當中都含有乳酸,除了能抑制腸道內的壞菌孳生,增加好菌之外,還有整腸作用。甚至還可調節免疫力,降血壓和膽固醇。

納豆菌

納豆菌是棲身在稻稈等枯草中的一種枯草桿菌。它的活菌可直達腸道內,製造出防止壞菌繁殖、溶解血栓的酵素。此外,納豆所含的維生素K,則有助於鈣質在體內沉積,強化骨骼。

醋酸菌

米醋、穀物醋、紅酒醋及蘋果醋等水果醋,在釀造時都會用到醋酸菌。醋酸菌所產生的醋酸,具有很強效的殺菌及防腐作用,也能抑制血壓和血糖值的上升,有助於預防代謝症候群。

菇類的營養成分

　　菇類富含多種營養成分，且既低卡又健康。各種菇類均含有豐富的膳食纖維，因此有助於調整腸道環境，預防便秘。再者，膳食纖維有助於穩定體內醣類和脂質的吸收，控制血糖或血脂不致急遽上升或囤積，故能有效預防生活習慣病。

　　此外，菇類富含在維生素 B 群中素有「美容維生素」及「神經維生素」之稱的 B1 和 B2，更含有大量菸鹼酸和葉酸。這些成分都和醣類或脂質的代謝有關，攝取量不足時，身體就會感到倦怠或疲憊。

　　另外，它們也是人體生成細胞時所必需的維生素。攝取量不足時，會引起肌膚或頭髮方面的問題。

　　菇類還有一項特色，就是含有多量的維生素 D、β- 葡聚醣和鉀等成分。維生素 D 能幫助人體吸收鈣質，強化骨骼；β- 葡聚醣可提升免疫力，鉀則有利尿功效。

 # 菇類的保健功效

緩解壓力

腸道裡分布著許多神經細胞。當腦部感到壓力時，這些壓力會透過脊髓，刺激腸道的神經細胞。因此，當你我持續處於壓力狀態下，就會引起腹瀉或便秘。此時若能刻意多攝取含有大量膳食纖維的菇類，就能調整腸道環境。此外，從近年來的研究當中發現，菇類含有較多量的GABA（一種胺基酸），根據日本菇類學會的研究，能抑制焦慮，讓人放鬆舒緩。

維持免疫力

活化腸道內的免疫細胞，可以提升免疫力，因此每天都要攝取足量的蛋白質，以確保人體製造免疫細胞所需的材料。另外菇類當中所含的 β -葡聚醣，則能活化免疫細胞，以降低身體遭受病毒或病原侵襲的機會。

減重

想成功減重，最理想的方式就是均衡攝取各種人體必需的營養成分，同時又能控制熱量。因此，菇類便成了最適合減重者食用的食材。

柔嫩肌膚

菇類富含維生素B群，其中又以合成皮膚、頭髮和指甲等蛋白質所必需的維生素B2 和B6，含量尤為豐富。菇類的膳食纖維可改善腸道環境，改善肌膚彈性、暗沉、痘痘和紅腫等問題。

預防宿醉

近來，根據研究發現，菇類含有大量的鳥胺酸，根據日本菇類學會的研究，這種物質具有減輕宿醉的功效。其中又以鴻喜菇和雪白菇的鳥胺酸含量最多，是蜆的5～7倍，堪稱為宿醉問題的救世主。

預防熱病

所謂熱病就是因溽暑酷熱所導致的食欲不振，倦怠難消等症狀。造成這些症狀的其中一個原因，就是維生素B1隨著汗水一起流失。富含維生素B1的菇類菜色能迅速為人體吸收，這些菇類也很適合搭配豬肉或亮皮魚等食材一同烹調食用。

對抗糖尿病

糖尿病是胰臟所分泌的胰島素不足，或胰島素功能不佳，導致血糖持續偏高的狀態。胰島素會促進肌肉等組織攝取葡萄糖，並將血液中過多的葡萄糖轉化為肝醣，儲存在體內，以調節血糖值。吃太多、吃太快，血糖值都會急遽上升，誘發身體分泌過量的胰島素。若長期持續這樣的狀態，會導致胰島素功能變差，形成糖尿病。為預防這種類型的糖尿病，用餐應花時間細嚼慢嚥，並攝取足夠的膳食纖維。膳食纖維能帶給我們飽足感，讓肚子不容易餓，同時又能抑制血糖上升。

活化腦部

要活化腦部，最重要的就是早餐。好好吃一頓早餐，讓體溫上升，就能使大腦清醒。至於要能快速溫暖身體的早餐菜色，建議各位不妨選擇味噌湯或西式湯品。尤其菇類和豬肉富含有「神經維生素」之稱的維生素B1，加入早餐菜餚當中，更能為身體製造出神經細胞運作所需的活力。

菇菇小專欄 column

保養品也用菇類

菇類具有極佳的美容功效，因此近來市面上也出現了添加菇類成分的保養品，備受矚目。尤其在韓國，菇類保養品的產品線更是豐富。舉例來說，有具保濕功效的松茸面膜；或選用稀有的白樺茸（別名西伯利亞靈芝），製成可提升免疫力的保養品；還有以蘑菇製成的BB霜等。至於這些產品的效果如何，從它們熱賣的程度，就可見一斑。

選用發酵過的西伯利亞靈芝萃取物，所製成的化妝水和乳液。

🍄 各種菇類的保健功效

　　菇類富含營養成分，最適合用來預防生活習慣病。接下來就為各位分別介紹杏鮑菇、鴻喜菇、金針菇、雪白菇、香菇、蘑菇的各項特徵。

杏鮑菇

　　杏鮑菇除了含有膳食纖維成分之外，還有鉀、維生素D、菸鹼酸等成分，具有預防生活習慣病的功效。平常我們用餐時所攝取到的中性脂肪，會在小腸內被一種名叫解脂酶（Lipase）的酵素分解，進而由人體吸收。但研究發現杏鮑菇可降低解脂酶的效用，抑制人體對中性脂肪的吸收，且這項論述已廣受認可。再者，杏鮑菇富含膳食纖維，可消除便秘，調整腸道環境，進而改善肌膚粗糙。還有，杏鮑菇可抑制人體因過量攝取膽固醇而造成脂肪在肝臟堆積，有助於預防肝功能障礙的發生。此外，杏鮑菇亦能減少體脂肪，增加體內的IgA（A型免疫球蛋白）。IgA可與病原菌及過敏誘發物質結合，防止它們入侵人體。故多吃杏鮑菇，還可望增加免疫力。

> **可望達到的效果、功效：**
> ・抑制中性脂肪吸收
> ・改善便秘和肌膚粗糙
> ・預防肝功能障礙
> ・減少體脂肪
> ・提升免疫力

鴻喜菇

　　鴻喜菇含有包括鮮味成分——麩胺酸在內的豐富胺基酸，滋鮮味美。近期的研究還發現，鴻喜菇可促進胰島素分泌，有助於降低血糖。再者，在白老鼠實驗中，還發現食用鴻喜菇的老鼠，即使罹患流行性感冒，症狀表現也較一般輕微。此外，鴻喜菇所含的營養成分還包括有助於消除疲勞的維生素B1，有益皮膚或黏膜維持正常功能的維生素B2，以及能預防動脈硬化的泛酸。

> **可望達到的效果、功效：**・促進胰島素分泌・對抗流感病毒

金針菇

　　金針菇是菇類中產量最多，也是火鍋裡不可或缺的要角。近來研究發現，將切碎的金針菇燉煮後冷凍再攝取，就能發揮改善血壓和血脂的功效。此外，專家也發現它可以降低血液裡的中性脂肪和膽固醇，應該是菇類當中所含的膳食纖維在人體內有效發揮作用的緣故。

> **可望達到的效果、功效：**・改善高血壓・改善高血糖

雪白菇（白色鴻喜菇）

雪白菇是經日本北斗（HOKUTO）公司改良品種，降低鴻喜菇苦味後，所打造出的一種純白鴻喜菇。它和鴻喜菇一樣，都具有促進胰島素分泌的功效。將菇類萃取物加入老鼠的胰島素分泌細胞，加以培養後，調查其胰島素的分泌量，結果發現加入菇類萃取物，比對照組（加入精胺酸，是一種促進胰島素分泌的胺基酸）更能增加胰島素的分泌量，尤其當菇類是鴻喜菇或雪白菇時，分泌量更可增加到約 4 倍之多。此外，

研究已證實雪白菇有助於降低血中膽固醇，抑制動脈硬化，效果與杏鮑菇和舞菇相同，堪稱是一種可望為現代人預防生活習慣病的菇類。

可望達到的效果、功效：・促進胰島素分泌 ・抑制動脈硬化 ・預防流感

香菇

香菇含有可提升免疫力、促進細胞代謝的維生素D，以及照射紫外線後即可轉為維生素D的麥角固醇。維生素D可促進鈣質在腸道的吸收，故香菇搭配含鈣食品食用，可預防骨質疏鬆症。此外，香菇中亦含有香菇嘌呤（eritadenine）成分，可預防動脈硬化。再加上香菇的膳食纖維含量豐富，故能消除便秘，整頓腸道環境，亦可改善肌膚乾澀粗糙。

可望達到的效果、功效：・提升免疫力 ・預防骨質疏鬆 ・預防動脈硬化
　　　　　　　　　　　　・改善便秘和肌膚粗糙

舞菇

舞菇含有豐富的維生素D，可促進鈣質的吸收。此外還含有可消除疲勞、緩解壓力的維生素B1，以及有助於頭髮、肌膚和指甲再生的維生素B2，建議想打造好膚質、好髮質，或想恢復體力的人多加食用。近來已有研究發現，讓已有花粉過敏症狀出現的白老鼠，提早吃下舞菇，就能減輕白老鼠的發癢反應。因此，舞菇可望成為具緩解花粉症功效的食物。

可望達到的效果、功效：・美容＆消除疲勞 ・抗過敏 ・加強免疫力

蘑菇

蘑菇又名洋菇，是全球產量最多、消費量最高的菇類，在日本各地也栽培生食用和罐頭用的蘑菇。根據多項研究報告指出，蘑菇具有抗氧化、活化免疫、降低血糖和血中膽固醇等各種效用，菇類當中所含的多醣體，也有助於活化免疫細胞。

可望達到的效果、功效：·抗氧化 ·活化免疫 ·降低血糖 ·改善脂質代謝

菇菇小專欄
column

10 月 15 日是日本蕈菇節

日本特用林產振興會於 1995 年訂定了「蕈菇節」，目的是為了推廣菇類食用，振興菇類生產。10 月不僅是菇類消費需求最旺盛的月分，也是能摘採到許多野生菇類的時期;而 15 日通常是一個月分裡的中間日，較不忙亂，適合在這段期間向消費者宣揚菇類的優點。順帶一提，菇類在日本全國產量最多的地方是長野縣，因此當地就以菇類生長的模樣看來像「1」為由，將 11 月 11 日訂定為「長野縣蕈菇節」。

4・菇菇的滋味和香氣

本段要和各位一起來看看菇類氣味的幾種分類、食用菇類的香氣成分、菇類鮮味的秘密，以及該如何巧妙地在烹調時讓菇類更顯鮮美的基本知識。記住這些知識，您將更能領略菇類的奧妙，也會更懂得如何妥善運用它們。

菇類的氣味

粉類臭味是菇類特有的氣味，這股味道聞起來會給人一種灰塵滿佈的感覺。其他尚有帶果香的菇類（例：雞油菌），甚至是如人類糞便般的惡臭（例：雙柱小林鬼筆）等，堪稱五花八門。而文化背景的差異，也會讓人對氣味產生不同的感受，例如在歐洲會形容松茸的氣味像「軍人穿舊的襪子」等。因此，儘管用語言來表達氣味特徵確有困難，但若能記住菇類的氣味，能幫助我們分辨它們的種類，故可試著用身邊會出現的、具體的味道來幫助記憶，例如「煤碳味」、「阿摩尼亞味」等。另外，也有許多菇類是幾近無臭無味的，還有像香菇這種乾燥後會散發強烈氣味的蕈菇。

雞油菌菌肉呈淡黃色，散發杏桃味，在歐洲是眾所皆知的食用菇，但目前已知帶有微量毒性成分。

香氣成分

菇類主要的香氣成分，包括許多帶有香味的食用菇中富含的 1- 辛烯 -3- 醇 (1-octen-3-ol)，以及乾香菇中所含的香菇精（lenthionine）等。

1- 辛烯 -3- 醇又稱菇醇，它和桂皮酸甲酯都是松茸主要的香氣來源成分。而香菇精就是一般大眾所熟知的香菇氣味來源，因此有一說認為，在尚不熟悉各種香氣的幼兒期接觸香菇精，是造成日後不愛吃香菇的主因。附帶一提，這是乾香菇特有的成分，在生香菇中趨近於零。若想在餐點中充分發揮菇類原有的香氣，最好在摘採後仔細而迅速地清洗處理，並選擇燉煮、煎、炸、涼拌等簡單方便，又適合彰顯菇類特色的方式來烹調。別忘了宜盡量少加調味料調味。

菇類乾燥後，其所含的香菇精成分，讓菇類帶有香味。

菇類鮮味的真面目？

菇類當中最具代表性的鮮味成分是鳥苷酸，其他還含有多種鮮味成分，包括在昆布及蔬菜等植物性食材中常見的麩胺酸，以及在魚、肉類所含的肌苷酸等。在富含鳥苷酸的菇類當中，又以乾香菇最值得一提。它除了富含鮮味極強的鳥苷酸之外，亦含有麩胺酸及琥珀酸等天然成分。

前面提到的鳥苷酸、麩胺酸和肌苷酸，有「三大鮮味成分」之稱。科學上已證明這些鮮味成分相互搭配使用，滋味會比單獨使用時更協調、更相得益彰，在彼此加乘後創造出更強大的「滋味加乘效果」。此外，菇類經日曬後，細胞會被破壞，烹調時更容易產生鮮味。在你我熟悉的乾香菇當中，能濃縮如此豐富的鮮味，就是運用了菇類的這項特質。

菇菇小專欄 column

「黑鑽石」松露

松露，與魚子醬、鵝肝並稱為世界三大美食，是一種西洋松露科的菇類食材。它主要可分為兩大類——黑松露和白松露，而法國佩里格（Ｐ　rigord）地區所產的松露屬於前者，因為口感與香氣特殊，向來被視為法國料理中珍貴的高級食材，有「黑鑽石」之稱。由於

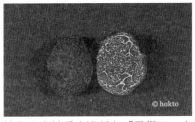

法國人尤其愛吃這種有「黑鑽石」之稱的黑松露。

它帶有獨特的香氣，且生長在地底下，所以在法國，人們利用受過訓練的豬或狗來嗅聞地面，藉由牠們敏銳的嗅覺來找出松露，以利採集的做法，也頗負盛名。日本偶爾可以採到松露的近親——印度塊菌，它也是一種可食的菇類，有機會不妨嘗嘗它的滋味吧！

5・菇類與飲食文化

　　適合用來烹煮中、西、日各種菜式，從火鍋到焗烤皆宜。如今，它早已不再只是秋天的味覺饗宴，更成為四季可見的餐桌佳餚。本段就要為各位介紹菇類的飲食文化，以及世界各國的菇類料理。

🍄 烹調野菇前

　　到戶外踏青採菇時所摘採來的野菇，在烹調前需仔細清洗處理。首先，請先用濕布擦拭野菇，去除沾附的枯葉或髒汙。如有必要，還需「除蟲」，以去除隱身在野菇裡的蟲子。除蟲的方法很多，一般多會選擇將野菇放在薄鹽水中浸泡 20 分至 1 小時。像裂皮疣柄牛肝菌這種菌肉厚的大型菇類，鹽水較難滲透完全，可先在菌蓋及菌柄內側切幾刀。若想沖洗掉野菇上的髒汙，請將野菇在沸騰的熱水裡浸泡 2 至 3 分鐘後，再用冷水清洗即可。切後再洗會讓菇類的鮮味和風味流失，故請務必清洗完畢後再切。摘採時菇類易受損傷，故採回菇類後，最重要的就是盡快清洗處理。如此一來，亦可避免除了食材本身毒性之外的各種食物中毒。

🍄 日本菇類料理的歷史

　　日本的烹飪書籍自江戶時期開始問世，當中就記載了各式各樣的菇類菜餚。例如日本第一本烹飪專書《料理物語》（1643 年），內容提及松茸、平菇、香菇、紅汁乳菇、玉蕈離褶傘、紅根鬚腹菌、木耳、叢枝瑚菌、石耳、虎掌菌、蜜環菌、乳牛肝菌，可從中窺見當時人們主要食用的菇類。此外，《日本料理法大全》（1898 年）中，記載了江戶時代公卿和將軍所吃的頂級餐點菜單，內含多道以菇入菜的料理，包括味噌湯和清湯等湯品、燉煮、茶碗蒸、鮮菇炊飯等烹調手法，皆存續至今。附帶一提，據傳奶油炒鮮菇是明治時期才開始出現的烹調手法，在該書中更留有建議炒香菇建議使用奶油的文字記錄。

🍄 菇類在不同地區各有所好

　　在眾多菇類當中，有些菇只在某些特定地區才食用，儼然地方上的「在地偶像」。例如多汁乳菇的口感較乾澀，一般鮮少成為民眾愛吃的食用菇，但在日本的櫔木縣，就將它稱為「乳菇」，是很受歡迎的菇類食材。只要選對烹調方式，即可煮出帶有獨特香氣和鮮味的高湯。因此在當地會將多汁乳菇和茄子一起先炒再燉，並加入麵味露，煮成「乳菇烏龍麵」或「乳菇蕎麥麵」，成為地方特有的鄉土料理。

世界各國的菇類料理

　　菇類富含營養成分，最適合用來預防生活習慣病。接下來就為各位分別介紹杏鮑菇、鴻喜菇、金針菇、雪白菇、香菇、蘑菇的各項特徵。

俄羅斯菜與菇蕈

　　俄羅斯菜當中有許多以菇類入菜的料理，甚至還出現在俄國俗語裡，數量之多可見一斑。其中，醋漬鮮菇自古以來就是俄國人常吃的一道料理，更是俄國家庭度過冰雪寒冬的常備菜。儘管現在自行醃漬的家庭已不比以往，但超市裡仍舊擺滿琳瑯滿目的瓶裝醋漬鮮菇，甚至說是俄國餐廳菜單上絕不缺席的菜餚也不為過。此外，俄羅斯自10世紀後半起至今，都以東正教為其國教。東正教信徒一年有近兩百天的「齋戒」，期間不吃肉食。因此，俄國自古以來就發展素食。而在這樣的脈絡影響下，許多以菇代肉的菜餚便應運而生。如今菇類料理早在俄國各地扎根普及，和蔬食、魚類菜餚一樣，是俄國人熟悉的齋戒餐點。

雲南名菜：菌菇火鍋

　　中國雲南省是全球名列前茅的菇類產地。而當地的名菜，就是菌菇火鍋。將切片松茸、香菇、竹笙等多種菇類，放入以數十種菇類熬成的湯頭中燉煮，成為一道濃縮眾多菇類鮮味的極品美味。據說還有觀光客就是為了品嘗菌菇火鍋而專程造訪。附帶一提，當地菌菇火鍋的湯頭種類因店而異，有些店家用的是以肉類、蔬菜和中藥等所熬成的高湯。

獻給總統的傳奇名湯

　　史上第一位榮獲法國最高榮譽獎章「法國榮譽軍團勳章」表揚的名廚，是法國料理名廚保羅‧包庫斯（Paul Bocuse，1926 - 2018），在1975年2月25日受勳時，於愛麗榭宮（Palais de l'Élysée)的午宴上，將一道名為「季斯卡總統黑松露清湯」（Soupe aux truffes noires V.G.E.)獻給時任法國總統的瓦勒希‧季斯卡‧德斯坦的一道餐點。這道在容器上覆蓋派皮後，送入烤箱燒烤而成的菜餚，使用的湯極其奢華。以最頂級的法式清湯為基底，加入切成小丁的蔬菜、雞肉，以及切成圓片的大量松露熬煮。劃開烤得酥脆的派皮「碗蓋」，芬芳的松露香氣立刻撲鼻而來。這道「獻給V.G.E.的松露清湯」（V.G.E.即為季斯卡總統的姓名縮寫），不論外觀或滋味，均堪稱劃時代的鉅作。在保羅‧包庫斯創作的多款法國菜當中，亦屬「傳奇珍品」級的傑作，至今仍為人津津樂道。

6・菇菇的藥用功效

菇類不僅滋鮮味美，香氣馥郁，口感出色，時時豐富你我的餐桌，同時又含有膳食纖維、維生素和礦物質等，是低熱量的健康食材。近年來的研究發現，菇類當中含有可有效治療或預防疾病的物質，藥用功效備受世人期待。

以菇為藥

中國自兩千年前起，即已開始積極運用各式菇類療法，其相關知識也大多傳入日本，發展成中藥，在日本社會扎根。而在歐州，古羅馬時期的醫師、同時也是植物學家的戴奧科里斯（Pedanius Dioscorides）曾提倡菇類的藥理功效，自此視菇類為藥物的研究在全球各地陸續展開，直到今天，仍有許多機構進行相關研究，以期能在科學上釐清菇類的藥理效用。

拜這些研究之賜，目前已知菇類具有抗癌、增強免疫、抗發炎、降血糖、降血壓、抗血栓、降膽固醇、抗病毒、強心、抗過敏等多種功效，並分析出菇類對癌症、生活習慣病、感染、失智，以及各種現代人的文明病，幾乎都有防治效果，尤其菇類所含的 β- 葡聚醣這種多醣體，更是一種功效顯著的免疫賦活劑。

生活周遭的菇類，也具藥用功效

其實具有藥效成分的菇類，並不僅限於一些特殊的品種。食用菇除了含有蛋白質、醣類、脂質、鉀和膳食纖維，是大家所熟知的低卡食材外，目前已知還有其他多種功效。舉例來說，以往被認為不具營養價值的纖維素 (cellulose) 等膳食纖維，其實可以促進腸壁分泌黏液，防止人體無法消化的物質殘留體內，進而改善便秘，減緩人體對糖等物質的吸收，有助於預防或改善肥胖、糖尿病和動脈硬化。此外，經研究指出，攝取膳食纖維能降低罹患大腸癌的風險。另外，菇類中所含的麥角固醇（照射日光後可轉為生成或活化骨質所需的維生素 D）、香菇嘌呤（可抑制膽固醇指數上升）、亞麻油酸（可預防動脈硬化、心肌梗塞）等成分，皆已確知其效用。而生活中經常有機會吃到的香菇、木耳、鴻喜菇、金針菇、舞菇、滑菇、杏鮑菇等食用菇類，也都各有強項，能守護你我的健康。

癌症治療與菇類

在菇類的藥用功效當中，最受各界期待的，就是它用於抗癌方面的效果。免疫力下降是癌症發病的主因之一，因此能活化免疫的菇類，確有機會成為抗癌大將。實際上，從雲芝菌絲體所萃取的雲芝多醣，香菇子實體萃取的香菇多醣，以及從裂褶菌菌絲體所萃取出的裂褶菌多醣，都是以多醣體（β-葡聚醣）為主要成分的抗癌劑，是醫療院所已使用多年、少有副作用的癌症治療藥物。其他目前正進行中的抗癌症有效性研究，包括富含β-葡聚醣的猴頭菇和繡球菌，和以「巴西蘑菇」為名，在市面上已有多種商品流通的姬松茸，還有過去曾在國立癌症中心進行的癌細胞增生抑制測試中，奪下最佳成績而一舉成名的女島瘤蕈（桑黃）等。近來，除了β-葡聚醣可提高人類原有的免疫力，進而抑止癌細胞生長，讓身體維持在健康狀態之外，菇類究竟是否有阻斷癌細胞血管新生，或讓癌細胞自然消失（凋亡誘導作用）等功效，這些新的可能，都讓菇類備受各方高度的關注。

菇菇小專欄 column

菇類與藥膳

菇類在藥膳中的主要功效，匯整如下表。

食材名稱	適應症／作用
金針菇	動脈硬化、脂質異常症、肌膚粗糙乾澀
杏鮑菇	乾咳、手腳發熱、夜間盜汗
木耳	燥熱、痔瘡、腹瀉、貧血、溢淚、異常出血、便秘、血便
香菇	氣虛、降血壓／血脂、防癌
鴻喜菇	肌膚粗糙乾澀、便秘、貧血、降血壓、降低及排出膽固醇、防癌
平菇	腸胃虛弱、消化不良、下半身冰冷
舞菇	控制糖尿病、降低及排出膽固醇、預防肥胖、滋養肌膚
蘑菇	高血壓、預防便秘、防癌
猴頭菇	消化不良、預防失眠、防癌、恢復體力

※ 節錄自《可運用在現代膳食的「食物性味表」修訂版》
（日本中醫食養學會編著（2009 年）。東京：日本中醫食養學會。）

🍄 較具代表性的藥用菇

　　自古至今，菇類在中國和日本都是備受重視的藥材。以下就讓我們一起來看看目前世界各國正積極研究，且受到高度關注的幾種較具代表性菇類的品種與特徵，也瞧瞧它們究竟有哪些藥用功效值得期待吧！

赤芝

中文名稱是「靈芝」，自古以來藥效即已廣受肯定。在後漢至三國期間編纂的中國藥學典籍《神農本草經》中，就已記載這種多孔菌類的菇可治百病。過去靈芝較難採到，因此被譽為是一種夢幻菇類。現今已可人工栽培靈芝，市面上也販售多種以靈芝製成的健康食品。根據多項基礎研究指出，靈芝具有抗癌、免疫活化、抗血小板凝集等功效。

雲芝

已故的日本國立癌症中心學者千原吾郎博士，在白老鼠實驗中發現雲芝具有極佳的抗癌功效，成了日後菇類抗癌研究受到各界矚目的開端。以雲芝菌絲體中萃取出的多醣——蛋白質複合體，製成雲芝多醣後，就是一種少副作用的抗癌劑，在1970年代中期到90年代曾風靡一時。

豬苓

豬苓這種中藥材，名稱在中文裡有「山豬糞」之意。它的表面呈黑褐色，外型如生薑根莖般，有著瘤狀突起，凹凸不平，有如山豬糞便，故得此名。它所含的麥角固醇、生物素（biotin）等物質，具利尿作用，在中醫裡會用來當作利尿、解熱、止渴藥方，以解決排尿不順或浮腫等症狀。此外，近年來亦在豬苓中發現了強效的抗癌物質。

茯苓

茯苓這種中藥材，由於生長在地面下，因此不容易發現，以往甚至有專業的茯苓摘採師。它常用於治療尿量變少（小便不順）、浮腫、精神不穩定、心悸、消化不良等症狀，也就是當作利尿、鎮靜、強壯劑來使用。近年來，茯苓所含的茯苓多醣（pachyraman）可望有效抗癌的研究陸續發表問世，藥用功效更受各界期待。目前，日本和中國也都在進行人工栽培茯苓的相關研究。

猴頭菇

猴頭菇是一種秋季生長在水楢或日本山毛櫸枯幹上的菇類。它沒有菌蓋，外觀相當獨特，可人工栽培。猴頭菇除了含多達五種具高效抗腫瘤作用的活性多醣體，研究證實它還含有猴頭菌酮和猴頭素，這兩種成分可望讓腦部常保年輕，進而預防失智症的發生。

冬蟲夏草

© PIXTA

寄生於昆蟲身上生長而成的菇類，統稱為冬蟲夏草。它的外觀看來奇形怪狀，卻有著高效抗癌等數種強大的藥用功效。其中又以寄生在西藏淡緣蝠蛾上所生長出的冬蟲夏草（學名 *Cordyceps sinensis*），被視為最頂級的珍品，在中國自古以來就是備受重視的長生不老秘方。日本國內的研究機構目前正積極研究各種冬蟲夏草的人工栽培技術。

冬蟲夏草的一種。

菇菇小專欄 column

具毒品成分的菇類

有一種俗稱「神奇魔菇」的菇類，因含有裸蓋菇素(psilocybin)和脫磷酸裸蓋菇素(psilocin)，會影響中樞神經，使人出現幻覺。食用後15～60分鐘，即會引起中樞神經興奮或麻痺、幻覺、酩酊狀態、瘋狂、發燒等症狀，甚至在兩週至四個月內還會因喝酒、壓力、睡眠不足、服用其他藥物等因素，而導致幻覺等症狀再度出現，也就是所謂的情境再現(flashback)現象。日本曾出現幾樁疑似因濫用古巴裸蓋菇（學名 *Psilocybe cubensis*）和藍變灰斑褶傘（學名 *Copelandia cyanescens*）等菇類，而引發中毒或意外，最後致死的案例。因此自2002年6月起，含裸蓋菇素或脫磷酸裸蓋菇素成分的菇類，都被歸為毒品植物原料，依法受到管制。在日本，凡持有這些菇類，就和持有其他毒品一樣，都會違反「毒品及影響精神藥物取締法」。

毒菇的毒是什麼毒？

菇類當中的毒素，可分為「經加熱等處理後仍會對人體造成危害」，以及「在特定吃法或狀態下會引發中毒」的這兩類。前者據說有約 50 種，也就是所謂「毒菇」中所含的毒性。尤其是一些毒性強，恐有致死之虞的毒菇品種，只能牢記下來，留意千萬不要誤食。而後者是較容易被忽略的類型。有些食用菇在生食或存放太久、大量食用、佐酒食用等情況下，就會產生毒性。至於誤食毒菇時該如何因應，敬請參照第 128 頁。

較具代表性的毒菇成分及其症狀

菇類名稱	主要有毒成分	主要症狀
褐黑口蘑	褐黑酸	嘔吐、腹瀉、頭痛、腹痛
褐蓋粉褶菌	溶血性蛋白、膽鹼、毒蠅鹼、毒蕈鹼	腹痛、嘔吐、腹瀉、盜汗
白毒鵝膏	鬼筆毒環肽、瓢蕈毒素、溶血性凝集素	嘔吐、腹瀉、腹痛、肝腫大、黃疸、腸胃出血、有致死之虞
黃蓋鵝膏	瓢蕈毒素	嘔吐、腹瀉、腹痛、肝腫大、黃疸、腸胃出血、有致死之虞
日本臍菇	隱陡頭菌素 S、隱陡頭菌素 M、Neoilludin	腸胃不適、腹瀉、嘔吐、幻覺、痙攣
鱗柄白鵝膏	瓢蕈毒素、鬼筆毒環肽	嘔吐、腹瀉、腹痛、肝腫大、黃疸、腸胃出血、有致死之虞
簇生垂幕菇	Fasciculol、fasciculic acid、毒蠅鹼	腹痛、嘔吐、發冷、腹瀉、脫水、酸中毒、痙攣、有致死之虞
亞黑紅菇	羧酸	嘔吐、腹瀉、全身肌肉痠痛、呼吸困難、有致死之虞
條紋口蘑	不明	嘔吐、腹瀉、腹痛
毒蠅傘	蠟子樹酸、毒蠅素、毒蠅鹼、毒蕈鹼	嘔吐、腹瀉、腹痛等腸胃不適，以及心跳數增加、精神錯亂、幻覺、痙攣、有致死之虞

※ 詳細資訊請參閱日本厚生勞動省網站上所刊載之「天然毒素風險簡述」。
URL http://www.mhlw.go.jp/topics/syokuchu/poison

菇類生物學

每當到郊外踏青時，總會在某個角落，看到它的身影，也許在樹上，也許從草地裡冒出來。這些可愛或恐怖、微小或巨大、帶著淡淡香氣或惡臭的小生物，不過是菇類中的一小部分。

然而菇類究竟是什麼樣的東西呢？它們如何繁殖？在自然界又扮演著什麼樣的角色呢？就讓我們一起來深入探討菇類的生態吧！

1・菇類是「真菌類」

菇類是一種美味的食材，可愛討喜的外型，也成了雜貨設計或卡通人物。然而，它們的真實樣貌，似乎少有人知。讓我們從生物學的觀點，一起來看看菇類究竟是什麼吧！

「香菇」是什麼？

常在超市裡與蔬菜一起陳列的菇菇，可能因此讓很多人認為它們是植物家族成員。然而，菇類並非植物，也不是動物，它們是隸屬於「真菌類」的生物。

地球上的生物，經過幾億年的變化，逐漸形成不同類別的生物。1735 年瑞典植物學家林奈（Carolus Linnaeus）將生物界分為植物界和動物界；1866 年，德國生物學與哲學家海克爾（Ernest Haeckel）提出了三界說，將生物界分成植物界、動物界和原生生物界；隨後還有四界說；一直到 1969 年，美國生物學家魏泰克（R.H.Whittaker）將生物分成原核生物界（Monera）、原生生物界（Protista）、真菌界（Fungi）、植物界（Plantae）和動物界（Animalia）五界系統。從此，屬於真菌界的菇類，終於有了自己的身分證，學界終於認知到真菌類是和植物、動物不相上下的大型生物群。

菇類所屬的真菌類其實也包括了黴菌和酵母，而在真菌類當中，只有由肉眼可見的大型子實體（製造孢子的器官）所構成的真菌，才稱為菇類。此外，一般我們在聽到「菇類」時會想像到一些肉眼可見的部分，但那其實只是菇類的子實體，並不是菇類的主體結構。長在地面下或木材裡的菌絲，才是菇類的主體結構。子實體會製造孢子，也就是菇類的子孫。它們所扮演的角色，就如植物當中的花。

擔子菌類和子囊菌類

幾乎所有菇類都屬於真菌類當中的「擔子菌類」這個族群。擔子菌類有製造擔子孢子的細胞，稱為「擔子器」，每個擔子器前端可製造 4 個擔子孢子（擔子孢子的數量有時會有例外）。此外，羊肚菌及盤盤菌等一部分的菇類，則被劃分在子囊菌類這個族群裡。子囊菌類有子囊，是一種用來製造子囊孢子的袋狀細胞，每個子囊裡會有 4 或 8 個子囊孢子。

至於一朵菇究竟是屬於擔子菌類，還是子囊菌類，須以顯微鏡觀察細胞後才能確定。不過，如前所述，大部分的菇類都屬於擔子菌類，少數派的子囊菌類，子實體多呈碗狀、球狀或棒狀，且多為小型軟質的菇類。

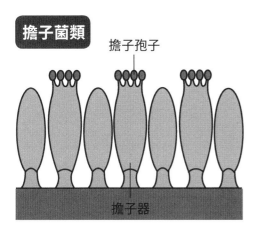

擔子菌類

擔子孢子

擔子器

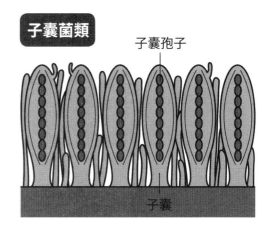

子囊菌類

子囊孢子

子囊

🍄 菇類所扮演的角色

　　包含菇類在內的這些真菌類，在維持地球生態平衡上，扮演著舉足輕重的角色。簡而言之，植物是透過光合作用，將無機質合成為有機質的「生產者」；動物則是直接或間接地攝取植物為食的「消費者」，真菌類則是將動植物的遺體或排泄物再分解為無機物的「分解者」。這三者之間的平衡，維持著物質間的順暢循環。

　　依營養攝取方式的不同，可將菇類約略分為三種型態：透過分解植物遺骸（木材、落葉等）來取得營養的菇類，稱為「腐生菌」；在植物根部發展出菌根，傳送無機物給植物，藉以吸收養分，也就是與植物建構共生關係者，稱為「菌根菌」；寄生在活體動植物或其他菌類上吸收養分，最終讓宿主死亡者，稱為「寄生菌」。在這三者當中，與活體植物共生的菌根菌，被視為最難進行人工栽培的一種。

菇類的生活型態

	特徵	具代表性的菇蕈
腐生菌	分解木材或落葉等已死的植物，並轉化為醣類後吸收。幾乎所有可人工栽培的菇都屬此類，分解木材的菇類又稱為木材腐朽菌。	香菇、平菇、滑菇、舞菇、靈芝、肝色牛排菌、繡球菌、杯傘、杉枝茸。
菌根菌	在植物的菌根上發展菌根，可保護植物根部不致出現乾燥等問題，還負責供應氮和磷等物質。而菌根菌則從植物身上取得養分，形成共生關係。	松茸、紅汁乳菇、乳牛肝菌、紅根鬚腹菌、毒蠅傘、玉蕈離褶傘、厚環乳牛肝菌、虎掌菌。
寄生菌	寄生在活體動植物或其他真菌類身上，吸收其養分後，宿主會死亡。黴菌多屬於此種生活型態，菇類的寄生菌則會寄生在昆蟲或其他的菇類上。	冬蟲夏草（蛹蟲草、日本蛇蟲草、蟬花、蜻蜓層束梗黴）、星孢寄生菇。

2 · 菇類的結構、特徵、辨識法

　　想清楚地辨認各種菇類，就要了解菇類的基本結構和各部位的特徵。觀察菇類時請逐一仔細確認菌蓋形狀和表面狀態、菌褶的形狀和菌柄著生方式等，以做為辨認菇類時的參考。

菇類結構（以傘菌目為主）

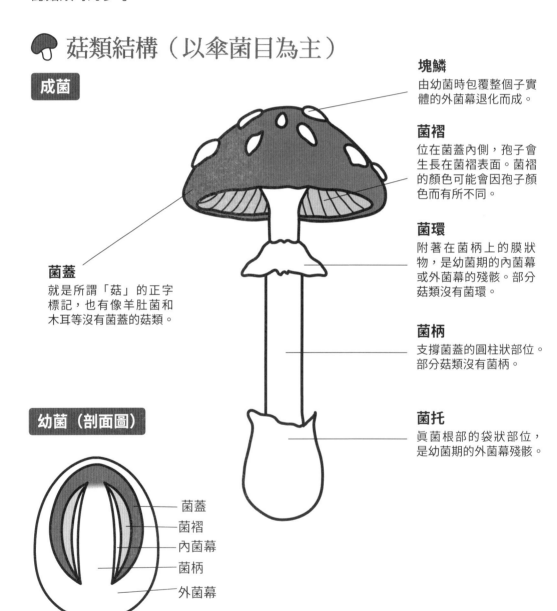

成菌

塊鱗
由幼菌時包覆整個子實體的外菌幕退化而成。

菌褶
位在菌蓋內側，孢子會生長在菌褶表面。菌褶的顏色可能會因孢子顏色而有所不同。

菌環
附著在菌柄上的膜狀物，是幼菌期的內菌幕或外菌幕的殘骸。部分菇類沒有菌環。

菌柄
支撐菌蓋的圓柱狀部位。部分菇類沒有菌柄。

菌托
真菌根部的袋狀部位，是幼菌期的外菌幕殘骸。

菌蓋
就是所謂「菇」的正字標記，也有像羊肚菌和木耳等沒有菌蓋的菇類。

幼菌（剖面圖）

菌蓋
菌褶
內菌幕
菌柄
外菌幕

各部位特徵

菌蓋形狀

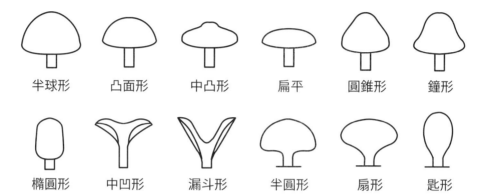

半球形　凸面形　中凸形　扁平　圓錐形　鐘形

橢圓形　中凹形　漏斗形　半圓形　扇形　匙形

菌蓋表面

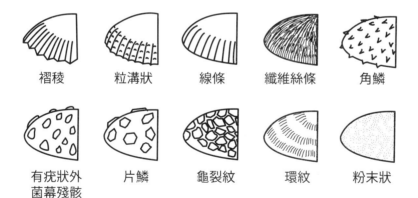

褶稜　粒溝狀　線條　纖維絲條　角鱗

有疣狀外
菌幕殘骸　片鱗　龜裂紋　環紋　粉末狀

蓋緣

放射狀裂紋　波浪狀　殘膜　外卷　內卷

菌褶排列

疏　　　　　　密　　　　　有小褶　　　　　有分叉

有橫脈　　　　　菌孔　　　　　齒針狀　　　　　皺摺狀

菌褶著生部分　　　　　　　　　　**褶緣**

狹附生　　　離生　　　波狀彎生　　　　有小褶　　　全緣　　　鋸齒狀

彎生　　　直生　　　延生　　　　　　纖毛　　　有折邊

菌柄著生方式

中生　　　偏生　　　菌柄在上　　側生　　背側生（無柄）　半背側生（無柄）

菌柄形狀

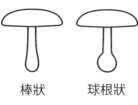

棒狀　　　球根狀　　　紡錘形　　　根狀

116

菌柄表面

斑點

腺點

纖維絲條

角鱗

網紋

有坑洞

菌環形狀

膜質下垂

上舉

雙層

環狀

絲膜狀

菌柄形狀

花苞狀

球莖狀

環形鱗片狀

粉末狀

菇菇小專欄 column

菇類為何會有菌蓋

說到「菇類」，就會立刻讓人想到它那大大的菌蓋。其實，菌蓋會長成這樣的形狀，是有道理的。菇類的菌蓋是為了幫助菇類留下更多子孫而存在的部位，它們要先避免負責製造孢子的菌褶被雨淋濕；再者，它們依流體力學的原理，長成易讓孢子隨風飄散的傘狀，這個形狀最適合讓孢子飛得遠遠的，締造更多孢子的生存機會。

3・菇類的生命週期

　　菇類究竟是如何誕生、繁殖，進而生生不息地交棒給下一代呢？這段過程大部分都是肉眼看不到的。讓我們以圖像的方式，一起來看看菇類不爲人知的生命週期吧！

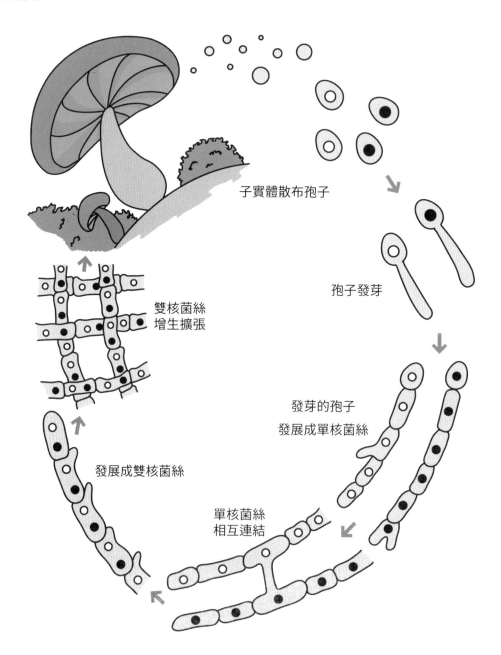

子實體散布孢子

孢子發芽

雙核菌絲
增生擴張

發芽的孢子
發展成單核菌絲

發展成雙核菌絲

單核菌絲
相互連結

菇類的一生

　　平常我們稱爲「菇」的那些肉眼可見的部分，是所謂的子實體。菇類的一生，就從子實體散布孢子來揭開序幕。

　　孢子若能飛散到溫、濕度條件皆合宜的地點，就會發芽，進而長出菌絲。初期這些菌絲是只有一個細胞核的單核菌絲，而這個階段還無法發展子實體。單核菌絲逐漸生長，直到出現另一個性質不同、可與之交配的對象時，兩者就會相互結合，發展出在單一細胞內都有兩個細胞核的雙核菌絲，並形成一種「扣子體」的突起，這就是可以製造子實體的主要部分。當菌絲不斷增生後，就會在適合生長的環境下形成原基，也就是子實體的芽。原基繼續生長之後，就會成爲在地面上或地底下，以肉眼可見的那些子實體。接著子實體會製造孢子，並向外散布，讓它們啓程邁向新天地。

　　菇類一生當中，以肉眼可見的子實體樣貌出現的時間非常短暫。此外，雖說一個子實體可以散布數億個孢子，但能符合各項條件，順利發芽、生長的，僅佔其中的少數。從這個觀點來看，我們能與野菇相遇，堪稱是一次次珍貴的邂逅。

最大的菇和最小的菇

　　菇類的形狀、顏色和大小五花八門，而最大的菇究竟會有多大呢？以肉眼可見的子實體來說，或許會有人想到曾寫下180公斤紀錄的巨大口蘑，或是直徑可達1公尺的日本大馬勃，但它們都不是正確答案。世界上最大的菇類，是在美國奧勒岡州發現的一種奧氏蜜環菌。它在地底下爬滿了許多擁有同樣基因的菌絲體，總面積可達約8,900平方公尺，推測年齡約2,400歲以上，被稱爲世界上最大的生物。至於全球最小的菇 就菌絲層次很難斷定 若以有子實體者來看，一般認爲最小的應該是大小約1～4公釐的綠杯盤菌，或橘色小雙孢盤菌。

4·菇類的生長環境

　　許多菇類與樹木之間，在生態上都有很深厚的關係。找尋菇類時，先知道該種菇類喜歡的樹種出現在何種環境，會是一條捷徑。只要了解菇類的生態，自然就能找到它經常出現的地點。

較常生長在哪些樹木上？

　　生長在樹木上的菇類，可概略分為兩種。一種是會與樹木進行養分交換的共生菌（菌根菌），以及從倒木或根株上吸取營養的腐生菌。前者對樹木的喜好有某種程度的傾向，因此較易發現的地點為低處的闊葉樹林、針葉樹林和照葉林。

　　此外，一般多認為採菇要在秋季，其實菇類的盛產期各不相同。不妨先掌握菇類較常生長的環境和季節，朝更高的發現率邁進吧！

※ 編按：照葉林（laurilignosa）指以常綠闊葉樹所組成之森林，又稱副熱帶常綠闊葉林或月桂林，是在副熱帶濕潤氣候條件下所生長的典型植被。

闊葉樹林

麻櫟、枹櫟、日本板栗

闊葉樹林就是所謂雜木林，也是人們早期在日常生活中，常到村落與深山之間的樹林裡取得木柴、煤炭，或收集落葉當肥料的地方。麻櫟和枹櫟是闊葉樹林裡常見的樹種，也是共生菌和腐生菌都很喜愛的環境。

> **主要生長菇類**
> 裂皮疣柄牛肝菌、粗柄粉褶菌、褐蓋粉褶菌、香菇、多汁乳菇、豹斑鵝膏、蜜環菌、平菇、網狀牛肝菌。

山毛櫸、水楢

以山毛櫸、水楢樹種為主的樹林，大多是氣候涼爽的地方，因此也是菇類的寶庫。山毛櫸樹的木質軟，是許多腐生菌喜好的生長環境，採菇或賞菇時，不妨找找倒木，應該很容易就會發現。

> **主要生長菇類**
> 磚紅垂幕菇、淡紅蠟傘、花柄橙紅鵝膏、鴻喜菇、長刺白齒耳菌、玉蕈離褶傘。

樺樹林

樺樹類喜好陽光照射，知名毒菇日本臍菇和白樺等樹木為共生關係。

> **主要生長菇類**
> 鴻喜菇、日本臍菇、褐疣柄牛肝菌。

🍄 針葉樹林

赤松林

在自然狀態下，赤松樹林多半出現在山稜線上，是喜歡生長在貧瘠土地上的一種樹木，恰好松茸就是喜歡存在的環境，它與赤松等樹為共生關係。

主要生長菇類
乳牛肝菌、雞油菌、假球基鵝膏、松茸、網狀牛肝菌。

黑松林

依照樹齡不同，黑松樹周邊會長出不同的菇類，為一大特色。樹齡淺的黑松樹上會有乳牛肝菌、紅汁乳菇、紅根鬚腹菌；樹齡較久的則會有皺蓋羅鱗傘、白黑擬牛肝多孔菌等菇類生長。

主要生長菇類
乳牛肝菌、白黑擬牛肝多孔菌、皺蓋羅鱗傘、紅根鬚腹菌菇。

南日本鐵杉、日本冷杉、魚鱗雲杉林

此類樹林是比日本落葉松、山毛櫸樹林的海拔位置更高的針葉樹林。由於位處深山，因此人跡罕至，不少大型菇類都會生長在地面堆積的落葉或倒木上。

主要生長菇類
絲蓋口蘑、紅樅乳菇、亮色絲膜菌、淡黃乳菇、皺蓋羅鱗傘、高山絢孔菌。

日本落葉松樹林

日本落葉松會隨季節變化而展現截然不同的風貌。會生長在這種樹林裡的菇類雖不多，但有機會找到罕見品種，建議不妨找找落葉堆，或低矮草木較少的地方。

主要生長菇類
檸檬黃蠟傘、美色黏蓋牛肝菌、繡球菌、白霜杯傘。

🍄 照葉樹林

栲樹、青剛櫟

此類樹林南自中國南方、東南亞，北至日本東北地區南部皆有，屬於常綠樹種，枝葉茂盛，因此即使在夏天，樹林裡仍略顯幽暗。若有意造訪，建議安排在晴天或稍有雲的日子前往。

主要生長菇類
紅菇、肝色牛排菌、香菇、金黃鱗蓋傘、苞腳鵝膏、褐環褶菌。

生活周遭的菇類

　　只要有土壤、落葉和木材等可供攝取養分，且環境夠潮濕，菇類就會生長。所以我們不必刻意到森林或山裡遠求，就能發現菇類的蹤跡。許多人甚至認為自家周邊不會長出可食用的菇類，然而事實並非如此。姑且不論可食用或非食用品種，能在自家附近的草地、公園、行道樹的根鬚旁等處和野菇不期而遇，就是一件令人開心愉快的事。找尋自己周遭出現的菇類，就能與野菇更親近，進而成為一個了解菇類的契機。這裡要介紹幾處生活周遭適合菇類生長的地點，或是值得留意的關鍵，以及一些較有可能發現到的菇類。

　　讀者要特別留意的是，這些地點和山野、森林一樣，切莫擅自闖入任何私有土地。若有意進入上述土地範圍，須事前取得管理人的同意。此外，公園或對外開放的寺院等地，雖可自由入內活動，但不可將找到的菇類擅自摘採回家。

庭院與公園

　　其實自家庭院及周遭附近的公園，就是生活中最貼近賞菇的好地點。不妨查看一下平時不會特別留意的地點，例如庭院角落的草叢、圍牆附近，或通往屋子後方的小巷等。此外，菇類比較喜歡朝北或朝東的地點，而非日照充足、地面乾燥之處，這項條件在尋找菇類的任何地方皆適用。公園裡除了可查看公園四周的草地外，也可留意大樹的根部。依樹下落葉堆積多寡，會生長出不同的菇類。另外建議還可瞧瞧老樹枝幹的裂縫，或許會有意想不到的收穫。

主要生長菇類

乳牛肝菌、雞油菌、假球基鵝膏、白黑擬牛肝多孔菌、皺蓋羅鱗傘、紅汁乳菇、叢枝瑚菌、松茸、網狀牛肝菌。

田地或果園

不妨多留意田裡那些較欠缺照顧、雜草較茂盛的地方。此外，田梗阡陌、溫室旁或大堆堆肥等處，也可發現菇類的蹤跡。還有適量雜草的果園等地，也是菇類喜愛的地點。在蘋果等薔薇科的果園當中，會有晶蓋粉褶菌（這類菌菇近來由於分類，已細分爲好幾個不同種類的菇。）等菇類生長。其他還有例如果樹的倒木、根株或其周邊，以及人跡罕至的斜坡等，都值得留意。進入私人土地摘採菇類時，一定得事先取得管理人的同意。

主要生長菇類
金針菇、日本大馬勃、花臉香蘑、巨大口蘑、荷葉離褶傘、糞生黑蛋巢菌、晶蓋粉褶菌。

竹林

在雜草不易生長的竹林裡，菇類儘管種類有限，但仍是個很容易發現菇類蹤跡的地點。不過，由於竹葉掉落後會一直堆積在地上，賞菇時別忘了還可以找找落葉底下，以及離竹林稍遠的草叢。大白椿菇是在竹林裡很容易找到的菇類，特別是它的生長極爲快速，只要能找到適合的生長地點，應該很容易發現這個頭超大的大白椿菇，但要注意其生長期爲每年的夏秋時節。另外，有「菇中女王」之稱的長裙竹蓀，更是在竹林裡很容易發現的菇類，尤其在雨後，當雨水洗去產孢組織的黏液後，就會露出有凹洞的網狀菌蓋，非常美麗。

主要生長菇類 大白椿菇、長裙竹蓀、花臉香蘑。

草地

與罕見的菇類不期而遇，是尋找野菇的樂趣之一。大多數菇類比較喜歡朝北或朝東的斜坡，而非日照充足之處，但草地卻是少數可能有機會找到稀有菇類的明亮環境。像是在堆肥或草地上容易發現到的白色毛頭鬼傘，很適合製作湯品、涼拌、燉煮、熱炒、焗烤等；夏末至秋季，群生在林道、田梗旁或草地等處的金褐傘；或是梅雨季至秋天，群生在草地、田間或路旁等地面上的花臉香蘑，都是在草地可以輕易發現蹤跡的菇菇。除了繁茂的草叢，有樹蔭的地方，還有人跡罕至的角落，不妨也可以多多探訪。

主要生長菇類 大白椿菇、高大環柄菇、金褐傘、花臉香蘑、毛頭鬼傘。

5·採菇注意事項

接下來為各位介紹幾道低卡路里、營養豐富的菇類食譜，並說明它們的營養成分及保健功效。這些菜餚都加入了很容易在超市買到的菇類食材，建議您不妨積極地把它們加入您日常的餐點中吧！

工具與服裝

摘採用的工具其實只要有一把刀子即可，不過若有鐮刀、柴刀及園藝用的剪刀等工具，會更方便。要特別留意的是攜帶菇類用的容器，由於菇類怕悶，易受損傷，因此最好選用透氣性佳、底平且寬的籃子，若不易取得最適當的容器，可用有把手的紙袋，盡量避免使用塑膠袋盛裝。除此之外，還可準備分裝不同種類菇蕈的報紙、毛巾、圖鑑、乾糧、雨衣、工作手套、皮手套、放大鏡、圓規、哨子、防蚊用品等。服裝應著登山健行樣式，且應戴上厚袖套、穿長褲，以避免蜜蜂或臭蟲等叮咬。此外，最好準備帽子、後背包和腰包，腳下則應穿防水性強、不易打滑、過腳踝的長筒鞋。

採菇禮儀與注意事項

不採、不吃無法判別的菇類

有些毒菇的外觀與食用菇極為相似，因此即使實際看到的野菇與圖鑑上相似，但只要稍有懷疑，就不應摘採。有些菇類一經碰觸或吸入其孢子，就會使人中毒。再者，基於環境保育的立場，更不應隨意觸摸野菇。

不破壞野外環境

不論是國有林地、民間林場或私人土地，進入山林都需要取得管理人的許可。採菇時請記得只取需要的量，切勿破壞地底下的菌絲；翻挖開的土應填回原處，暫時撥開的落葉也要恢復原狀；垃圾請務必帶下山，勿在野外亂丟。

其他

秋季是主要採菇季節，日落時間較早。早上出發採菇，並於天黑前回家，是正確採菇安全的金科玉律。此外，在視線不良的山區採菇時，若只低頭專心找菇，可能有迷路之虞。隨時留意較具特色的地形或標記，以避免發生山難憾事。

🍄 採菇

　　即使是在適合採菇的地點，隨興漫步仍難發現菇類蹤跡，因此需要動用一些小巧思，例如找些菇類可能比較喜愛的生長環境等。舉例來說，林道旁的坡面、森林裡的小斜坡及窪地、倒木或根株、直立枯木、竹林，以及海邊的防風林等，都是不容忽略的檢視地點。

　　另外，就算在同一個地點，光線幽暗較不利找菇。最好安排在清早出發，到上午尚未艷陽高照前的這段時間，或於陰天時採菇。若再考量摘採後菇類需要處理，採菇的時段安排還是以前者爲宜。

　　在找到菇類之後，要先觀察它的生長狀態和周邊環境，並對照圖鑑，確認菌蓋和菌柄的外觀等。摘採後最好依採集地點、種類，分別以報紙包裝妥當。摘採時也要小心，勿破壞土壤或傷害樹木。熟成的食用菇上有時會有黴菌或細菌滋生繁殖，若食用會引發中毒，採菇時如遇有這樣的菇類，處理方式和蟲蛀嚴重、種類可疑者相同，都應避免摘採。

徒手摘採

▲ 生長在地面上的菇類，可用手指輕輕挖出菌柄根部，捏住此處往左右拉出摘取。

用刀切取

▲ 生長在樹幹上的菇類，爲避免切削到樹皮，摘採時要捏住菌柄，在菌柄根部下刀切取。

🍄 帶菇回家

　　摘採菇類後，切莫不分種類或摘採地點，就全都塞進塑膠袋裡。謹再次叮嚀讀者，菇類非常脆弱，採菇時請用有底的提籃，並在籃內鋪上葉子，避免碰撞，或妥善運用報紙，小心保管摘採來的野菇，以防它們彼此碰撞、破碎或混雜。

　　採完野菇後，最好現場就進行分類。若菇上沾滿泥土，固然需要整理，而清理菌褶裡的土，可是很費力的大工程。爲減輕這項累人的工作負擔，在摘採時可先用刀子切除沾有泥土的菇柄根部，就能大幅減少後續處理時的麻煩。此外，若存放容器裡有已發霉的菇，黴菌就會沾附到其他菇上，導致即使可食用的菇類在吃下後發生中毒現象。所以，即使是珍貴的高價菇，發霉者仍應予以剔除。此外，分類時也應再次確認是否誤採毒菇或妄身未明的菇類，要狠心丟棄沒有把握確定種類，一切以自身安全爲要。

菇菇小專欄 column # 野菇保存方法

　　摘採野菇後，最好能當天烹調並食用完畢。採集量較大時，亦可選擇保存。有些保存方法可以讓菇類滋味更鮮美，或增添不同的鮮味。以下謹簡單介紹幾種較具代表性的保存方法。另外，在保存前，請記得切去菇類的菌柄根部，剔除菇上的雜質後，再用廚房紙巾將它們清理乾淨。

冷凍保存

　　冷凍保存法可分爲兩種，一種是生鮮保存（短期），另一種則是汆燙後連同煮菇水一起保存（中～長期）。前者只要用保鮮膜或鋁箔紙將野菇包裝妥當，送入冰箱冷凍卽可，是個便於少量保存的方法；後者是用少量熱水汆燙切片或切成四等分的菇，待稍微放涼後，放入冷凍保存用的密封袋鋪平，並去除袋內空氣後，密封冷凍卽可。

優點	缺點
肉質扎實的松茸等菇類，以生鮮狀態直接冷凍保存，風味可維持 1～2 個月。先汆燙後再冷凍保存的方法鮮少失敗，適合初學者。	生鮮冷凍保存法需於短期內食用完畢。汆燙後再連同煮菇水一起保存的這個方法，便於大豐收時使用，但缺點是很佔冰箱空間，且日後使用也多半侷限於燉煮菜色或湯品。

乾燥保存

　　所謂乾燥保存，指的是將菇類鋪在篩子或墊子上，或用繩子吊掛後，置於通風良好的地方，以日曬（風乾）來讓菇類乾燥的保存方法。市售的乾燥菇類爲避免產品腐壞、發霉或長蟲，多半使用特殊器具加熱乾燥，卽使號稱日曬風乾的產品，也會在製程最後進行加熱乾燥。接著就只要把乾燥菇和乾燥劑裝進塑膠袋，放在陰涼處保管，使用前再用溫水泡發卽可。

優點	缺點
一種可長期保存的方法。舉凡香菇、木耳、舞菇、虎掌菌等，都是一般常見的乾燥菇，其他還有多種菇類可乾燥保存，應用廣泛。若採用日曬法乾燥，有助於提升菇的鮮味，營養價值也會隨之提升。	不適合帶有稠滑黏液的滑菇等菇類。且在菇完全乾燥之前，必須頻頻翻面，讓菇能均匀曬乾或風乾，耗時費工。

裝瓶（水煮）保存

用水量剛好漫過菇的沸水汆燙後，將菇和煮菇水一併倒入加熱消毒過的有蓋玻璃瓶保存。保存時，重點在於要在瓶中倒入足量的煮菇水，勿讓液面和瓶蓋間有空氣。接著稍微蓋上瓶蓋，泡在沸水中加熱約 30 分鐘後，再將瓶蓋旋緊保存。過半天至一天後，若瓶蓋中央向下凹陷，表示裝瓶成功。

優點	缺點
幾乎所有菇類皆適用此法，且可在不影響菇類風味的情況下，保存較長時間，最適合用來保存以風味見長的高級菇類。	相較於乾燥或鹽藏，裝瓶保存的保存期限較短，因此請盡早食用完畢。烹調時，會連同吸滿鮮味的煮菇水一同使用。

 鹽藏

鹽藏是在容器內鋪上一層鹽，再放一層稍微涮煮過，並已瀝乾水分的菇，接著再交錯放入鹽和菇，用鹽醃漬菇類的一種保存法。製作時的重點在於要加入大量的鹽，直到容器中呈現飽和狀態（鹽不再溶解，殘留在容器內）。鹽藏保存的菇類，在使用前要先取出需要的量，再沖冷水去除鹽分。去除鹽分的速度快慢會因水溫及菇的大小而有所不同，因此需不時輕咬菇體，以確認鹽分是否已去除完成。

優點	缺點
幾乎所有菇類皆適用此法，且可在保留菇類形狀和口感的情況下，保存較長時間。鹽藏操作簡便，因此可一次處理較多分量，也可於日後再加入新摘採的野菇。	風味、香氣易流失，因此松茸或舞菇等原本就具有特殊風味的菇類，宜避免使用，多數鹽藏菇類還會褪色。使用時要多花時間去除鹽分（半天～一晚）。

市售菇類的保存方法

基本上只要裝入塑膠袋或保存容器，放入冰箱的蔬果保鮮室保存即可。在未開封的狀態下，可直接置於冰箱保存一週左右。此外，亦可先切除菌柄根部，將菇分小堆或切片後，裝入冷凍專用保鮮袋，放入冷凍庫保存。相較於生鮮狀態，冷凍這種保存方法雖會稍微破壞菇的口感與風味，但烹調時可以冷凍狀態直接下鍋，相當方便。

毒菇處理法

恐怖的菇類毒性

在日本，會引發菇類中毒的毒性類別，大致可分為五種類型。①破壞細胞，造成肝臟、腎臟功能受損的毒 ②主要作用在自律神經上的毒 ③主要作用在中樞神經上的毒 ④主要對腸胃造成刺激的毒 ⑤造成手腳末端腫脹、壞死，甚至引發末稍神經受損的毒。其中又以①的致死率最高，而其他幾種則要視攝取量、攝取後的應變措施，以及當事人的身體狀況而定，亦有可能致死。

應仔細認清鱗柄白鵝膏等高危險菇類品種，並落實貫徹「只要稍微可疑就不摘」的原則。

應仔細認清「鱗柄白鵝膏」等高危險菇類品種，並落實貫徹「只要稍微可疑就不摘」的原則。

如何避免中毒

防止菇類中毒的關鍵，在於要學會菇類相關的正確知識，切莫迷信偏方。初學者採菇時，最好有菇類鑑定方面的專家，或經驗老道的前輩同行，讓初學者一邊確認菇類特徵，一邊學記菇類名稱和辨認方法。有些菇類曾發生因觸摸或吸入孢子就引起中毒的案例，採集時也應多加留意摘採方式。摘採來的野菇基本上都應避免生吃，每次適量享用即可。若該種菇類含有毒素，過量食用當然就會攝取到更大量的毒性成分。

出現中毒症狀時

中毒症狀發生的時機，會因毒性類別或個人情況而有所不同。當出現腸胃不適，甚至演變至嘔吐、腹痛等中毒症狀時，請先飲用大量溫開水，再用指尖伸入喉嚨深處，將誤食的菇類盡快催吐出來。身旁陪伴者應盡速聯繫救護車，並請當事人再多喝稀釋過的綠茶等具有利尿效果的飲品，觀察症狀是否減輕。卽使在搶救後症狀稍有改善，也請務必接受醫師診治。屆時請別忘了留下誤食的毒菇，並清楚告知醫師，以便釐清中毒原因。

4

日本的香菇

早在繩文時代（即日本舊石器時代後期到新石器
時代），就已有日本人製作菇類造型的泥土製品；
奈良時代（因首都而得名的日本歷史時期）所編
纂的《萬葉集》與平安時代（為日本古代最後一
個歷史時代，開始於桓武天皇於西元 794 年將首
都移到平安京（即現在的京都市）開始約 400 年
間）的《古今和歌集》等古典文學作品中，也都
出現菇類。本章僅就菇類在日本的歷史、研究、
栽培方法的演進，以及消費狀況的變化來介紹。

1·日本的菇類發展史

　　每逢秋天採菇季節開始，日本的郊山就會人聲鼎沸、熱鬧非凡，松茸的新聞也會成為民眾茶餘飯後的話題。究竟日本人是從何時開始吃菇、品菇呢？就讓我們一起來看看日本的菇類發展史。

日本人與菇類的淵源

　　日本人愛菇、吃菇的習慣，當然不是這一兩天才開始的事。在日本的東北地方和北海道，都從繩文時代中期後半至後期前半的遺址當中，挖掘到好幾個菇類造型的「菇形土製品」，可見日本人從距今四千多年前，就已開始食用菇類。

　　有意思的是，據說在這些土製品當中，有部分是刻意以某個特定品種為藍本製作出來的，而且模樣與實物非常相似。菌類學者工藤伸一表示，這說不定正代表了菇形土製品是為了裝飾或儀式所打造的物品。若日本人自繩文時代起就食用菇類，那麼應該有不少因為誤食毒菇所引發的中毒案例。為了讓人們記取教訓，要把可食菇類的樣貌整理成知識，以利流傳。換言之，工藤認為當時人們將「菇形土製品」當作「菇類圖鑑」的替代品來使用。從這些蛛絲馬跡來看，我們應該就可以說：繩文人其實和現代人一樣愛吃菇。

古典文學與菇類

　　另外，在古典文學當中，也呈現了日本人與菇類之間的關係。奈良時代的《萬葉集》當中，收錄了吟詠菇類的短歌；平安時代末期編纂的《今昔物語集》，也出現了好幾篇以菇為題材的作品。有位二當家的僧侶，很嫉妒長期以來一直當家擔任住持的老和尚，為了下手除掉老和尚，這位二當家便用毒菇「和太利」混充平菇，讓老和尚吃下肚。沒想到老和尚竟把「和太利」吃得一乾二淨，還說：「我還是頭一次吃到烹調得這麼美味的和太利。」讓那位騙他吃毒菇的僧侶羞愧萬分。

　　此外，日本傳統戲曲形式「狂言」（為日本戲劇的一個流派，與能劇、歌舞伎號稱日本三大國民演劇，狂言被國際公認為全日本唯一的世界無形遺產。）當中，有一齣叫「菌」的戲碼，講述一名男子的宅邸裡不斷地長出菇來，摘了又長，沒完沒了。於是男子便請隱居山林修行的僧侶，前來作法清除這些菇。僧侶結了手印念經，孰料越作法，菇卻不減反增，完全無效。僧侶怕自己性命難保，便拔腿開溜。附帶一提，日文中的「菌」，自古以來就是一個用來統稱菇類的字詞。

菇類研究的濫觴

　　中國的《本草綱目》在江戶時期（又稱德川時代，是指日本歷史在江戶幕府（德川幕府）統治下的時期，讓日本結束長期的群雄割據局面，走向統一的國家。）傳入日本，從此帶動了日本正統的本草學研究風起雲湧地展開。也因此，當年有許多製作精良的圖譜紛紛問世，就是今日所謂圖鑑。1835 年，坂本浩然撰寫了《菌譜》一書，被譽為江戶時代最出色的菌譜。隔年，博物學家毛利梅園也撰寫了一本《梅園菌譜》，當中以全彩詳細介紹了約 150 種菇類，內容非常精美。除此之外，江戶時代還有許多菌譜問世。

　　進入明治時期（自 1868 ～ 1912 年日本明治天皇在位時期）以後，正統菌類研究更進一步發展。1890 年，田中長嶺等人出版了全日本首部眞菌學專書《日本菌類圖說》。不過，當時由於一般人對菇類缺乏足夠的知識和理解，再加上醫學不發達，社會上還流傳著許多對毒菇的錯誤知識，因此據說許多人因誤食毒菇而中毒喪命。因此，在進入明治中期之後，在推動眞菌學研究的同時，也開始大動作地設法減少菇類中毒個案的發生。田中長嶺在 1890 年所舉辦的第三屆內國勸業博覽會（即所謂日本精品展）當中，展出了叢枝瑚菌和玉蕈離褶傘的實體模型和人工栽培菇等，讓更多一般民眾了解何謂菇類。

　　從這段時期開始，菌類分類學也開始蓬勃發展。1901 年，植物病理學者，同時也是眞菌類學者的白井光太郎，從德國帶回許多植物寄生菌的寫生圖和標本。他在東京帝國大學農科大學（東京大學農學院的前身）創設了全球第一個植物病理學講座，帶動日本在植物學和眞菌學上的長足發展。

　　到了大正及昭和年代初期，眞菌學者川村清一和草野俊助等人持續推動眞菌分類學方面的研究，為日本今日的眞菌分類學奠定了基礎。而川村清一更是日本眞菌分類學在萌芽時期最具代表性的學者，他率先出版了讓一般民眾也容易讀懂的《原色日本菌類圖說》（1929 年）、《食用菇與毒菇》（1931 年）等精闢的菇類啓蒙書籍，且畢生都以向一般民眾推廣具科學性的菇類知識為職志。他過世後，後人為他出版了《日本眞菌圖鑑》（1953 ～ 1955），堪稱集川村清一畢生研究之大成。此外，民間的眞菌專家有以黏菌研究著稱的南方熊楠，為後世留下了約一萬種的菇類標本。南方熊楠曾於 20 ～ 33 歲時旅居海外進行研究，在標本空白處畫下了約 3,500 幅的觀察手繪圖，四周還用英文寫下了密密麻麻的筆記。他留下了翔實研究記錄，而這些記錄，近年來有重新受到世人評價的趨勢。

2・日本的菇類人工栽培發展史

現在，你我都能在超市等商店的貨架上，輕鬆選購到人工栽培的香菇及金針菇等商品，這些其實都是因為先人們努力不懈，致力研究如何透過人工栽培來養菇所帶來的恩賜。這裡就讓我們來回顧一下菇類人工栽培的歷史吧！

菇類栽培的近代化與原木栽培

想吃更多美味的菇類，絕對是人之常情。而人們因為對美味可口的菇類深深著迷，所以自古以來，就一直在嘗試舞菇、香菇等菇類的人工栽培。在江戶時代所出版的烹飪書《本朝食鑑》裡，有松茸的篇章，當中提到摘採下松茸的菌根，種在赤松根部，就會長出松茸的描述。然而，由於松茸是屬於菌根性的菇類，因此至今尚未確立人工栽培的方法。

另外，香菇也和松茸一樣，都是自江戶時代就開始進行人工栽培。當時是用柴刀在原木上砍出幾道切口，讓野生香菇的真菌附著其上，靜待香菇自然萌發，也就是所謂「原木砍花法」。直到現行這些用人工培養種菌操作的段木栽培法普及前，這種方法是菇類栽培的主流。

除了上述的原木砍花法之外，明治、大正時期（為 1912～1926 年日本大正天皇在位時期）也有人研究並嘗試了幾種不同的栽培方法，例如「孢子液接種法」，就是將原木泡在溶有孢子或段木屑的溶液裡；「埋木法」則是將長出香菇的段木木材切片接種到原木裡。不過這些方法的成功率都不高，後來便逐漸沒落。而在這樣的情勢當中，森喜作為香菇的人工栽培找出了一條活路。

1932 年，森喜作為了進行農村經濟實態調查，前往大分縣的山區偏鄉。他在當地看到老農對著借錢買來的原木拼命祈求，只盼順利長出香菇的光景後，大受衝擊。因為在當時，貧窮的山區偏鄉只能仰賴燒製木炭等有限的產業維生，村民必須把生計賭在香菇栽培上。只要順利長出菇來，就能賣個好價錢；反之，要是不幸失敗，就會導致家庭崩潰瓦解。然而，傳統的原木砍花法失敗率高，使得這種不幸的悲劇頻頻上演。親眼目睹偏鄉實況的森喜作，從此下定決心，要把人生都奉獻給研究，尋找保證能長出香菇的人工栽培法。他在故鄉群馬縣研究多時，終於在 1942 年，開發出將木釘（讓香菇的雌、雄孢子結合後，植入圓錐狀的木材裡）植入段木，以確保段木一定會長出香菇的的方法。1946 年，森喜作所確立的這套栽培方法，獲政府的「香菇增產五年計畫」採用，因而得以普及到全國各地。這就是今日「原木栽培」手法的基礎。

菌床栽培的起源與普及

　　日本使用菌床栽培手法栽培菇類的歷史，最早起自蘑菇。當時森本彥三郎將蘑菇稱為「西洋松茸」，並在銷售種菌的同時，向客戶傳授栽培技術。而日後森本也被譽為「菇類栽培之父」。森本曾在 1904 年時，因為想到先進的美國去學些新的知識而赴美，並在當地認識了蘑菇栽培這項技術。

　　歐洲早在 17 世紀時，就以人工方式栽種蘑菇。森本赴美時，利用堆肥進行人工栽培蘑菇的手法在美國已很興盛。森本一邊在養菇場打工，一邊摸索栽培技術，並不斷自行研究的結果，終於在 1912 年成功栽種出蘑菇。之後森本又在美國、比利時、英國等地鑽研菇類栽培，回國時，他不僅帶回了栽種方法，還學會了菌的培養法等知識。

　　1921 年，回國後的森本彥三郎在京都開設了森本農園，並成功種出日本第一批蘑菇，更在歷經多年的努力後，以「西洋松茸」的名號，將人工栽培的蘑菇推廣到全日本。後來他雖因經營不善而度過了一段備受煎熬的時期，但仍積極招收實習生，致力推廣菇類栽培技術。同時，他也持續研究，並在 1928 年構思出不需段木等素材的「木屑人工栽培法」，成功以木屑栽培出香菇、金針菇、滑菇、平菇和舞菇等菇類。

　　同一年，森本為《主婦之友》雜誌寫了一篇有關人工栽培金針菇的文章，而這篇文章日後竟為長野縣的金針菇人工栽培揭開了序幕。因為當時在長野縣舊制初中任教的生物老師長谷川五作，在讀了森本這篇文章之後，便想到讓農民用玻璃瓶栽種金針菇當副業，並向身邊的農家推廣。

　　當年森本想出的這一套人工栽培法，在菌絲生長到一定長度後，會打破玻璃瓶取出柱狀培基，並在培基上養金針菇。到了 1931 年，山寺信等人才確立了現今日本栽培金針菇的方法，所有栽培過程皆可在玻璃瓶中進行。山寺等人在玻璃瓶口包上一層紙，讓瓶中呈現暗房狀態，再讓金針菇長出許多豆芽菜狀的菌柄，這些菌柄白化之後，就可生產出不腥不臭的金針菇。這一套手法，堪稱現今金針菇栽培的原型。

　　到了 1964 年，新潟的一場強震，讓幾家企業開始投入塑膠容器（P.P. 瓶）的生產與銷售，以取代易碎的玻璃栽培瓶。自此，菇類栽培不僅較以往有效率，還變得更安全。

新品種開發與人工栽培研究

由於長谷川五作和山寺信等人的努力，使得長野縣成為日本全國人工栽培金針菇的先驅。然而，山寺信等人所開發出來的這套人工栽培法，只要稍微照光，菌傘和菌柄就會呈現黃褐色，導致可食用部分變少，因此必須在接近闇黑的狀態下栽培，菇農為養出純白的金針菇，無不在品質管理上煞費苦心。而這是由於野生金針菇原本的茶褐色，在照光之後會自然呈現出來的緣故。到了 1986 年，即使照光也不變色的新品種金針菇問市。這種純白品種的金針菇，讓菇農可在明亮的室內進行栽培管理，因此在菇農間迅速普及。時至今日，幾乎所有人工栽種的金針菇，都已改為純白品種。

此外，消費量僅次於金針菇的食用菇——鴻喜菇，在人工栽培起步之初，由於帶有一種特殊的苦味，因此並非人人都能接受。然而，在經過不斷的研發之後，業者終於成功栽培出不帶苦味的鴻喜菇，甚至後來還開發出具甜味、口感更佳的品種。現在的鴻喜菇，口味更是甘甜，北斗股份有限公司還開發出有著白色外觀、賣相討喜的白色鴻喜菇——雪白菇（在日本是北斗公司的註冊商標），廣受許多民眾喜愛。

不僅如此，由於杏鮑菇、舞菇、平菇、香菇等菇類的新品種開發，以及毛頭鬼傘、黃金蘑菇、柳松菇等野生菇類的人工栽培研究，都有長足的進展，因此目前在超市等銷售通路上，已可看到琳瑯滿目的各式菇類。

尤其在近年來的菇類研究當中，最受各方矚目的，是已有多家研究機構成功以人工方式，栽培出玉蕈離褶傘。這項消息，對過去向來被視為高難度的菌根性菇類人工栽培，帶來了光明的希望。若能以此為基礎繼續研發，或許將來就有可能以人工方式，栽培出目前技術上無法如願的松茸。

北斗股份有限公司的菇類綜合研究所，開發出全球首創的純白金針菇「北斗 M-50」。

由於人工栽培菇類的研究不斷發展，使得各式各樣的菇類得以出現在餐桌上。圖為杏鮑菇、舞菇、雪白菇、鴻喜菇。

菇菇小專欄 column 「菇」的語源和方言

「菇」字的語源

　　「菇」這個字在日文當中爲什麼會稱爲「きのこ」（kinoko）呢？翻開日本的國語辭典，會發現這個字帶有「木之子」的涵義。換言之，應該是由於菇類生長在倒木等處的模樣，看來就像是樹木的子孫，所以將它們稱爲「木之子」，再演變爲「きのこ」（兩者發音皆爲 kinoko）。

　　然而，「きのこ」這個字詞，在日文當中似乎並不是那麼古老。早在古人編纂《萬葉集》、《古今和歌集》的時代，人們就已食用菇類，但文獻上並未看到「きのこ」，而是出現了「たけ」（音 take，日本漢字爲「茸」）。在漢和字典上查找一下，就會發現「茸」字在日文當中是菇類的統稱。「茸」是由「艹＋耳（柔軟的耳垂）」組成的會意字，帶有「柔軟植物」的涵義，因此它是從菇類柔軟的這個性質，所衍生出來的文字。

　　而自古以來就被用來統稱菇類的「くさびら」（kusabira），日文漢字用的是「菌」。「菌」是「艹＋囷」所組成的會意文字，「囷」字是穀物的意思。由此可知，日本用「菌」字表示菇類，是因爲菇有著像穀倉一樣的傘，所以用它來代表菇類；而菇類張開菌蓋的模樣，看起來就像穀倉。

「菇」的方言

　　前面介紹過日本過去稱「菇」爲「茸」的背景。事實上，現在日本的地區方言當中，仍保留了這樣的說法。在近畿地區周邊，目前仍沿用「茸」（take）這個說法，中部、北陸地區則稱菇爲「こけ」（koke），據說有些地方甚至還保留了最古典的菇類稱呼「くさびら」（kusabira）。至於西日本和九州地區則稱菇爲「なば」（naba）。

　　對菇類的統稱五花八門，而有些個別菇類的正式名稱，就是來自地區方言。例如有一種只在日本石川縣能登地區生長的菇類，以往當地方言稱之爲「コノミタケ」（konomitake，好味茸），後來證實這種菇是新品種的叢枝瑚菌，便直接以它的方言稱呼作爲正式名稱，學名也用了「Ramaria notoensis」（能登的叢枝瑚菌）。

3·日本的菇類消費狀況

　　日本國內由於受到消費者健康意識年年升高的影響，營養滿分、滋味可口的菇類產量與消費量，也隨之年年增加，現在透過圖表和統計數字，來看看菇類在日本的消費狀況。

 ## 日本的菇類產量推移

　　日本國內的菇類總產量連年增加。這個趨勢的背景，在於日本人的飲食習慣西化後，如今健康意識逐年提升。菇類營養豐富、熱量低，又可運用在各式料理當中，正好切中了消費者的需求。到 1980 年代後半，市場上出現了大規模栽培菇類的企業，成為推升金針菇、鴻喜菇、舞菇、杏鮑菇等菇類銷量、消費量的主因之一。另一方面，歷史悠久的香菇栽培，也因為流通配銷的發達，使得生香菇取代了乾香菇，成為市場的主流，但因受到其他菇類崛起和低價進口品衝擊的影響，產量呈現持平。

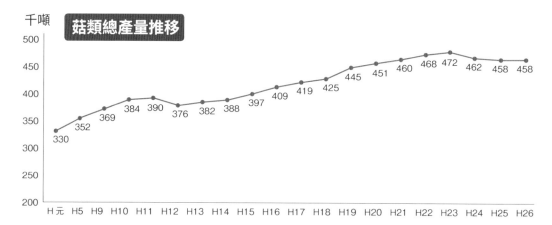

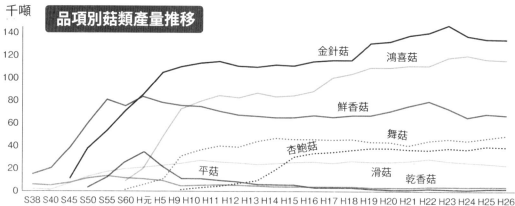

資料：日本林野廳特用水產基礎資料　上圖中的乾香菇和乾木耳為換算鮮菇之數值，下圖中之乾香菇為乾菇重量。

136

菇類消費量的推移

　　直到約 1993 年（平成 5 年）之前，都是菇類的高成長～穩定成長期。這時正是消費者的飲食習慣多樣化，外食及便利商店產業蓬勃發展的時期。菇類在市場擴大的因素下，消費量也隨之增長。進入 80 年代後期，金針菇、鴻喜菇等菇類在企業投入栽培後大量增產，在這些養菇企業擬訂銷售策略，並致力開發舞菇、杏鮑菇等菇類新品種的努力下，成功讓許多人工栽培的菇類品種問世，因此推估在後來景氣進入疲軟期之後，菇類的消費量仍持續成長。

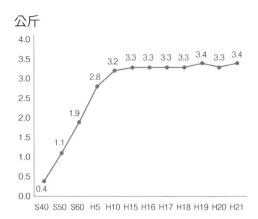

資料：日本林野廳「日本的菇類消費量推移（每人每年平均量）」

 # 哪些城市的人愛吃菇？

　　在日本，菇類的消費量在各縣均有不同。以鮮香菇來看，全國產量最多的德島縣，消費量是第二名；東北地區的主要產地秋田縣，吃菇的歷史由來已久，在本次統計中拔得頭籌。此外，富山和金澤的菇類消費量大，很有可能是北陸地區的昆布消費量多，菇類會用來與昆布搭配製作各式餐點的緣故。

　　另外，再看到「其他菇類」這個項目。金針菇、鴻喜菇、杏鮑菇產量全國第一、二名的長野和新潟，消費量也頗具實力，擠進排行第一、三名。消費量排名第二的山形縣，是日本全國菌床滑菇產量第二名，故消費量也名列前茅。

	鮮香菇（公克）			其他菇類（公克）	
	全國	1,726		全國	7,737
1	秋田市	2,525	1	長野市	10,741
2	德島市	2,364	2	山形市	10,296
3	富山市	2,206	3	新潟市	10,093
4	金澤市	2,206	4	秋田市	9,656
5	盛岡市	2,194	5	富山市	9,547
6	奈良市	2,134	6	盛岡市	9,304
7	堺市	2,125	7	濱松市	9,206
8	廣島市	2,124	8	金澤市	9,103
9	札幌市	2,003	9	甲府市	8,888
10	神戶市	1,984	10	奈良市	8,717
11	和歌山市	1,979	11	埼玉市	8,525
12	京都市	1,975	12	仙台市	8,509
13	大分市	1,954	13	廣島市	8,389
14	靜岡市	1,953	14	鳥取市	8,375
15	前橋市	1,952	15	橫濱市	8,337
16	鳥取市	1,931	16	千葉市	8,232
17	松江市	1,924	17	堺市	8,149
18	宇都宮市	1,923	18	靜岡市	8,146
19	青森市	1,914	19	高松市	8,100
20	濱松市	1,900	20	津市	8,077
21	津市	1,872	21	水戶市	8,070
22	山口市	1,861	22	福島市	8,044
23	大阪市	1,859	23	川崎市	7,939
24	岐阜市	1,857	24	前橋市	7,854
25	大津市	1,849	25	大津市	7,843

資料：出自統計局「家計調查（兩人以上家戶）品項別都道府縣政府所在地及政令指定都市排行榜（2010 ～ 2012 年平均）」，僅節錄前 25 名。

各種栽培方法

　　菇依種類不同，栽培方式各有一些巧妙的差異。這裡簡單介紹幾種菇類的栽培方式吧！

菌床栽培

在木屑中混米糠或麩皮等具營養的素材，製成培養基後，將種菌植入其中即可。從菌絲培養到採收，皆可在菌床完成。香菇、金針菇、鴻喜菇、舞菇、杏鮑菇等，皆採用此法。

一般原木栽培

將種菌植入長約1公尺的闊葉樹原木後，置於樹林裡或人工植被下，靜待真菌蔓延，再於適當時機採收即可。香菇、滑菇、磚紅垂幕菇、亞側耳、平菇等，皆採用此法。

段木橫切面栽培

將楊樹等粗原木分切成厚約15公分的圓盤狀，並在兩片段木中間夾入木屑，植入種菌，待菌絲成長蔓延滿布即可。平菇、滑菇、金針菇等菇類，皆適用此法。

殺菌原木栽培

將長約15公分的闊葉樹短木裝入袋中，以蒸氣或熱水殺菌後再使用即可。加熱會使木材更容易腐爛。舞菇、滑菇、靈芝等菇類，皆適用此法。

堆肥栽培

將帶有營養的素材加入稻草和家畜用的墊料，製成堆肥，再讓堆肥發酵後，植入種菌即可。蘑菇還有中國和東南亞等地常吃的草菇，用的就是這種栽培方法。

林地栽培

用於栽培菌根性菇類的栽培法。將培養菌絲埋在赤松樹林裡，靜待菇類萌發即可。玉蕈離褶傘的人工栽培，即採行此法。

 ## 滑菇的一般原木栽培

　　這裡就讓我們再來看看一般人也可嘗試的菇類栽培，也就是滑菇的一般原木栽培。春至秋季之間，將木釘（種菌）接種到原木裡之後，第1年先靜待菌絲布滿原木，也就是讓它「榾木化」。第2年則是在入梅時節前後，將段木放在樹林裡「接地平放」，地點最好選在排水良好，空氣流通且濕度充足，不時有日光從林間灑落的雜木林或針葉林。如此養菌之後，到了秋天就會長出菇來。第3年則要把被土埋住的段木挖出來，清除雜草或枯葉後，靜待下一批菇再萌發。較粗的段木會連續出菇6～7年。以產量而言，第2年出菇量還不多，第3～5年是極盛期，之後就會慢慢減少。

人工栽培菇類的程序

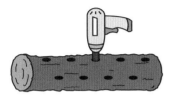
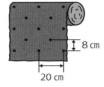

8 cm

20 cm

1・接種木釘

3月時在原木上打洞，並於洞中植入木釘。通常會在陰暗處打洞、接種，或於鋪上墊子後，在室內進行。洞的大小要視木釘而定，深度則為木釘長度的 1.5 ～ 2 倍。每個木釘之間橫向要留約 20 公分、縱向要留約 8 公分間距。接種木釘後，洞口要用融化的蠟進行蠟封。

井字型堆置

2・堆置養菌

完成接種的段木，要堆放在樹下等地點，讓菌布滿整個段木。此時要覆蓋化學纖維材質的蓆子和遮光布，為段木保溫。

鎧甲狀

3・攤開

即將進入梅雨季之前，將段木改堆成鎧甲狀或鬆散的井字型，讓段木透氣通風。

接地平放

4・散堆平放

將段木平放在地面上，每根段木之間相隔一段距離。若段木看來偏乾，可將段木一半埋入地下；若段木偏濕，可將單側以枕木墊高。

5・採收

大概到 10 月左右，就會進入採收期。菇會從段木朝上的那一面，或從與地面接壤處一株株地長出來。

菇類的菌床栽培

　　在一般家庭要操作菌床栽培的難度或許稍高，但像平菇就可以用廣口瓶和木屑進行菌床栽培。只要把混有米糠的木屑裝填進廣口瓶，當作養菌時所需的養分，再用筷子等工具，在菌床正中央開個洞，並以和紙或油紙蓋住瓶口後，用壓力鍋蒸氣殺菌約 50 分。待瓶子冷卻之後，用木屑種菌覆蓋培養基上的洞，再蓋上瓶蓋後，置於陰涼處栽培即可，植菌後 3 ～ 4 個月內，菌就會滿布在整個菌床內，開始出菇。另外，市面上有售已完成植菌的栽培套組，種類包括香菇等。只要運用這種套組，就能輕鬆養菇，因此很推薦各位使用。

菇類的大規模量產

　　人們漸漸開始想在任何季節都能吃到美味的菇類。然而，光是野生的天然菇，很難讓人們如願。

　　如今，菇類的人工栽培技術早在日本全國各地普及，一年四季都能吃到可口的菇類。此外，菇類能以穩定的價格銷售，也是拜大規模量產之賜。

　　菇類的栽培方式會因生產者、栽培規模及菇的種類而異。這裡就讓我們以北斗公司為例，一起來看看菇類的栽培工序吧！

1・裝填

將菇類的營養來源——培養基裝填進菌瓶裡

2・殺菌

將裝有培養基的菌瓶送入高壓殺菌鍋裡殺菌

3・種菌接種

在無菌室裡將菇類的種菌植入菌瓶裡的培養基中

4・養菌

在養菌室裡放置一段時間，讓菇菌量增加

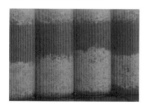

5・驚菌

撥弄因滿布菌絲而變白的菌瓶表面，刺激菇菌活性化

6・出菇

將驚菌後的菌瓶移至適合發芽的環境。

7・生長

在仿照秋天——也就是最適合菇類生長環境打造的育菇室養菇。

8・採收

以機器全自動化採收漂亮碩大的菇。

9・包裝

菇類經採收、秤重後，立即包裝、出貨。

全球菇類概況

放眼全球，其實菇類具有相當特殊的地位。它自古以來就被用在宗教儀典或美容藥品上，甚至還曾一度被稱爲「神的食物」。

世界各國究竟是如何看待菇類的呢？接下來就讓我們一起看看菇類的發展歷史，以及它在各國的消費情況與喜好趨勢。

1・全球菇類發展史

　　全球有數萬種的菇，據說光是食用菇也有多達 1,000 種。在愛菇、吃菇的日本，從繩文時代起就已有吃菇的習慣。那麼世界各國的情況又是如何？在此介紹全球各國的菇類發展歷史與現況。

🍄 菇類曾是神的食物

　　在歐洲，菇類從古希臘、羅馬時代起，就被譽為是「神的贈禮」，備受世人重視。它除了是食物之外，有些具迷幻作用的菇類，更被運用在宗教上，對人類的影響甚鉅。

　　而在古印度，西元前 15 世紀至西元前 6 世紀左右，人們信仰的是吠陀教，特別推崇一種叫作「蘇摩」（soma）的東西。蘇摩既是帶有月亮屬性的神，同時也是一種植物，更是指這種植物的汁液，非常奇妙。據說吠陀教的祭司在儀典中喝下了蘇摩的汁液後，便有了感應，開始說起神的語言。從這些描述中，不難推測蘇摩是一種在人類攝取後會引發幻覺或酩酊的植物。近來，民族真菌學者羅伯特・高登・華生（Robert Gordon Wasson）提出一種說法，認為它可能就是會引起幻覺的毒蠅傘。

　　另外，人類在猶加敦半島上，發現了許多雕刻成菇類造型的「菇石」，是西元前 5 世紀～西元 16 世紀時曾盛極一時的馬雅文明遺跡。這些菇石高 25 ～ 50 公分，馬雅人相信它們具有守護神般的神奇力量。米格爾・F・托利斯（Miguel F. Torres）認為，由於馬雅人的祭司（Shaman）在吃下了毒蠅傘或裸蓋菇屬的菇類之後，便成為有神附體的乩身，傳達神諭，因此才依他們視為聖物的菇體造型，打造了這些菇石來膜拜。在墨西哥和中美等地，菇類也曾是「眾神的食物」，被用在宗教儀典等場合。

🍄 人類究竟何時開始吃菇？

　　食用菇的歷史非常久遠，目前已知早在西元前 756 ～西元 1453 年盛極一時的古羅馬時代，就有許多菇類菜色。尤其在古羅馬更將菇譽為「眾神的食物」，據說當時還會讓戰士們吃菇，以增強體力。

　　有趣的是，在古埃及，人們相信菇是「不死的植物」，甚至還有法老王獨享野生蘑菇的逸事。據說因為法老王酷愛蘑菇獨特的滋味和香氣，所以當時僅限皇室成員有福品嘗，平民就連一親芳澤的機會都沒有。

此外，在中國，西元前 221～西元前 206 年叱吒一時的秦朝，據說秦始皇常服用靈芝，並認為它是長生不老的仙丹妙藥。相傳古代中國過度迷信靈芝的功效，所以發現者必須於採下後將靈芝獻給皇帝。

還有，中國有位被譽為世界三大美女之一的楊貴妃（719～756），坊間流傳她長期服用白木耳，以常保青春美麗。

目前一般認為是在西元 500 年左右所寫成的《神農本草經》，為中國最古老的藥學書籍。書中記載了六款最極品的上藥，其中就包括了靈芝、茯苓、豬苓等。這也說明了中國自古以來，在人們維持健康或追求美麗的過程中，菇類不論做為中藥或民俗藥方，皆佔有一席之地，且由來已久。

菇菇小專欄
column

菇類的諺語和預兆

在菇類消費量極多的俄羅斯，有很多與菇相關的俚語。例如「是菇就要進籃筐」，意指既然承擔了就要負責到底。還有「就算吃到了有菇的皮羅格派，也要把舌頭收在牙齒後面」，意指就算吃人嘴軟，也別多嘴亂說話，就算受人恩惠，不該說的話還是別說。此外，古代俄羅斯人認為菇類是介於動物與植物之間的東西，會說話，也會施魔法。因此，採菇時有很多規矩，例如「不能求神禱告」、「要留下看到的第一批菇」、「有些菇類懷孕婦女不能摘採，以免傷害寶寶」等。甚至還有「除夕（新曆 1 月 13 日）要是能看到很多星星，那一年的菇就會盛產」等預兆之說，可見菇類已是俄羅斯人生活裡根深柢固的一部分。

2・全球的菇類人工栽培發展史

拜菇類的人工栽培之賜，現在人們一年四季都可吃到各種美味的菇類。其實人工栽培菇類的歷史由來已久，日本最早採行人工栽培的是香菇，那麼世界上的其他國家又是如何呢？

🍄 菇類人工栽培發展史

　　幾乎就在日本開始人工栽培香菇的同時，世界各國也成功以人工方式栽培出蘑菇，成功契機來自於哈密瓜種植。1650 年，在寒冷多雨的法國巴黎郊區，剛導入了哈密瓜的人工種植技術。而源自西亞地區的哈密瓜，性喜高溫乾燥，為了栽種這樣的作物，法國人便用了一種以廄肥發酵熱能轉化為熱源的溫床。後來人們在廢棄的溫床上，發現原本用來當作熱源的廄肥上，長出了蘑菇，並將它們採集下來食用。人們在廢棄溫床鋪上家畜的糞便和墊料，以促進孢子實體生長的作法，就成了人工栽培菇類的起源。

　　之後，法國植物學者杜爾科那（Joseph Pitton de Tournefort）在他的著作中寫下了這種栽種方式。到了 19 世紀初，菇類的人工栽培才在德國、荷蘭、英國等西歐地區普及。到了 1865 年，菇類栽培也傳入美國，養菇這個產業才開始發展起來。

全球菇類產量

　　目前全球大概每年會吃掉約 993 萬噸的食用菇，而全球食用菇產量最一枝獨秀的便是中國。中國不僅栽培香菇，還有蘑菇和木耳等，種類繁多。排名第三的美國，栽培的幾乎都是蘑菇。美國是將覆有一層土的廄肥，放在立體的棚架上，而棚架則放在裝設了空調的菇舍裡。這種栽培方法在全美普及後，菇類的人工栽培也跟著蓬勃發展，讓美國從 19 世紀末起，就雄踞蘑菇產量世界第一的寶座。

全球菇量產量一覽表（2013 年）

排名	國名	產量 （噸）
1	中國大陸	7,068,102
2	義大利	792,000
3	美國	406,198
4	荷蘭	323,000
5	波蘭	220,000
6	西班牙	149,700
7	法國	104,621
8	伊朗	87,675
9	加拿大	81,788
10	英國	79,500

資料來源：糧農統計數據庫（FAOSTAT）

栽培趨勢

歐洲

說到歐洲受歡迎的菇類，當然就是蘑菇，和名列「世界三大美食」之一的松露。發源於法國的蘑菇栽培，除了法國之外，在荷蘭、波蘭、西班牙、義大利和愛爾蘭等地也都很盛行，其中又以法國的洞窟栽培——選在溫、濕度都適合蘑菇生長的洞窟養菇，最具特色，可養出肉質扎實的蘑菇。再者，荷蘭最近為迎合市場的需求，積極改良蘑菇菇場，香菇栽培日漸興盛。

目前僅在義大利現蹤的白松露，尚無法人工栽培，但黑松露在法國、西班牙、義大利的產量皆很豐富。

附帶一提，在英國等盎格魯薩克遜人較多的國家，民眾擔心誤食毒菇，所以雖會吃菇，但並不特別喜歡。

中國

中國的香菇、木耳、草菇，全球產量首屈一指，也是人工栽培的菇類當中，特別受到中國民眾喜愛的幾種菇。尤其是自古以來即被民眾認為不僅滋鮮味美，更有益健康的香菇，地位近乎藥品。中國在香菇人工栽培方面的發展，比日本更早了五百年以上。浙江省慶元縣龍岩村的吳三公，被奉為養菇始祖，如今當地還將祂當神供奉膜拜。目前日本的香菇，是以木屑製成菌床來栽培為主流（菌床栽培的香菇，佔2014年全國香菇總產量的89%），中國也是以這種源於日本的菌床栽培為主。菌床栽培以「可縮短栽培時間」、「菇體外觀賣相佳」為特色。

美國

在美國所生產的菇類當中，有90%都是「白蘑菇」（white butto，洋菇）。全美白蘑菇產量第一的是賓夕法尼亞州，其次則是加州。由於毒菇的印象深植人心，因此美國少有人摘採野菇。不過，近來由於菇類漸成受歡迎的健康食品，因此香菇（shiitake）、舞菇（maitake）、金針菇（enoki）的日文名稱，都直接化為英文，在美國市場上流通。

大洋洲

在澳洲和紐西蘭地區，蘑菇的銷售量一枝獨秀，遠勝其他菇類，因此生產也多半以需求較多的蘑菇為主。

再者，紐、澳地區還以人工方式，成功地栽培出黑松露，交易行情極佳，為其一大特色。此外，紐西蘭地區也栽培了幾種在日本市場上常見的菇類，例如香菇、金針菇、平菇及木耳等。

東南亞

東南亞的菇類消費量相當可觀。印尼自1969年起，即有荷蘭資金挹注，展開出口用的蘑菇栽培事業。但因溫度較高的地點不利養菇，故當地菇場多設在北部或海拔較高的高地，成了印尼菇業的特色之一。泰國則是在政府的輔導下，於泰緬邊境發展原木香菇的栽培事業。除此之外，平菇和鮑魚菇等菇類的栽培，也都相當普及。

其他

俄羅斯有句諺語說：「一餐七道菜，樣樣都是菇。」採菇在當地是一種休閒活動，但人工栽培並不盛行。

另外，在鄰近的韓國，產量最多的是平菇。它帶有獨特的香氣和滋味，不單只是一般的食用菇，更被指出具有預防心血管疾病的功效，向來頗受當地民眾喜愛。北韓領導人金正恩，在2013年7月視察養菇場時，提到祖父金日成主席曾有遺訓，說要擴大菇類生產，將北韓發展成「菇類大國」，一時蔚為話題。

🍄 日本的栽培技術，在全球開枝散葉

日本在杏鮑菇、舞菇、鴻喜菇、平菇等許多品種的生產、銷售上，都居於領先地位。而這些栽培技術，目前已跨出海外，在台灣、美國及馬來西亞等地落腳。美國以往除了蘑菇外，並沒有食用菇類的習慣，日本廠商為美國市場開發、提供了菇類調味及烹調上的建議，逐漸為菇類爭取到走入民眾飲食生活的機會。此外，在每人年均菇類消費量達到4公斤，比日本還多出1公斤的台灣，日本廠商主打日本品牌特有的「安心品質」，讓各種新的菇類在台灣市場獲得認同。深具日本特色的美味菇類，想必一定能更走向國際化。

各國語言裡的「菇」

「菇」因爲是從倒木等地生長出來，因此日文稱它們爲「木之子」，帶有「樹木子孫」的涵義。此外，從特定樹木上長出來的菇類，在日文當中就會借用樹名來稱呼。例如香菇在日文中稱爲「椎茸」（shiitake），代表它是從栲樹（日文爲「椎」）生長出來的；金針菇在日文中稱爲「榎茸」，因爲它是從朴樹（日文爲「榎」）根株生長出來的；而生長在松樹林裡的菇，就稱爲松茸。

另一方面，英文當中一般菇類統稱爲「mushroom」，其語源來自法文的「mousseron」，同樣是「菇」的意思，而這個字本身則是由法文中代表「苔蘚、泡沫」之意的「mousse」衍生而來。據說自16世紀起，「mushroom」這個字，因爲菇類生長快速，所以也引申出「暴發戶」、「平步青雲的人」等涵義。附帶一提，「mushroom」在日文當中指的是「蘑菇」，因爲蘑菇引進日本之初，就是用「mushroom」這個字詞來稱呼它。

再者，法文當中用來泛指各種菇類的「champignon」這個字，是從拉丁文的「campinionem」演變而來，語源是用來表示「平原」的「campus」。在法國，會稱栽培中的蘑菇爲「Champignon de Paris」。

語種	文字	讀音	語種	文字	讀音
阿拉伯文	رطف	費托魯	捷克文	Houba	厚比
義大利文	fungo	奉苟	中文	洋菇	洋菇
印尼文	jamur	加慕魯	德文	piltz	匹魯茲
英文	mushroom	馬咻魯姆	土耳其文	mantar	蠻它魯
烏克蘭文	гриб	菇魯卜	印度文	क्क्रम्त्ता	窟窟拉畝它
荷蘭文	paddestoel	帕底斯多瓦魯	菲律賓文	kabute	卡布帖
韓文	버섯	波索	芬蘭文	sieni	西埃尼
希臘文	Μανιτάρι	馬尼它利	法文	champignon	香匹尼盎
剛果文	Buwa	布瓦	波蘭文	grzyb	古吉布
瑞典文	Svamp	斯凡普	葡萄牙文	cogumelo	寇古美洛
西班牙文	Hongo	盎勾	馬來文	cendawan	千達萬
	champiñón	羌匹紐	蒙古文	моог	莫古
斯瓦希里文	Uyoga	烏優嘎	俄羅斯文	гриб	古利卜
泰文	เห็ด	黑		грибы	古利比

3· 全球的菇類消費狀況

接下來爲各位介紹幾道低卡路里、營養豐富的菇類食譜，並說明它們的營養成分及保健功效。這些菜餚都加入了很容易在超市買到的菇類食材，建議您不妨積極地把它們加入您日常的餐點中吧！

全球最廣爲食用的菇

全球產量最多的菇，是以美國、法國、中國、荷蘭爲主要產地的蘑菇（洋菇）。蘑菇自 17 世紀起在法國巴黎發展人工栽培，之後在市場上大量供給，成了蘑菇普及的契機。它所含的鮮味成分──鳥苷酸，是香菇的三倍；它獨特的滋味，很適合搭配西式料理。這兩項特質，或許就是蘑菇大受歡迎的秘訣吧。

© hokto

蘑菇可約略分爲四大品種。最常見的白蘑菇，雪白外觀相當討喜；白裡帶灰的是灰白品種；產量多、常用來製作罐頭等加工食品的是淡黃品種；滋味濃郁，加熱後不易縮小的是褐色品種。

這四種蘑菇的營養成分都相同，當中的維生素 B12 具有消除疲勞的功效，搭配可降低膽固醇的膳食纖維，兩者相輔相成，可活化人體內的脂肪代謝，預防肥胖。此外，蘑菇富含鉀離子，可望發揮預防高血壓及動脈硬化的功效。

各國喜好不同

日本產量奪冠的是價格親民、口感獨特、烹調方便簡單的金針菇，其次是便於運用在各式料理的鴻喜菇，緊接在後的是菇肉厚、口感多汁的鮮香菇。此外，在日本、韓國及中國等地都很受歡迎的松茸，在歐洲卻被認爲氣味像軍人的襪子，接受度不高。

菇類的喜好在各國皆有所不同，有人認爲這與各國國民的生活型態及菇類的生長環境息息相關。蘑菇是草原性的菇類，在盛行放牧的歐美等地很受歡迎；而在國土面積約有 70% 是山林的日本，民眾偏好的是松茸和香菇等森林性菇類。

各國國民食用在當地可採集到的菇類，看似理所當然，但包括英國在內的各個盎格魯薩克遜系國家，除了蘑菇之外，幾乎不吃其他任何菇類。據說這並不是因爲他們所處的環

境採集不到菇類，而是他們對誤食毒菇的憂慮，遠比想品嘗菇類的念頭更強烈。然而，在日本，人們即使可能吃到毒菇，仍未放棄吃菇。這樣的差異，或許就是所謂的民族性吧！

在法國，除了松露之外，人們還喜歡羊肚菌，也就是法文的 morille，以及當地人稱 girolle 的雞油菌。義大利除了昂貴的松露之外，價格親民的美味牛肝菌（porcini）也很受歡迎。

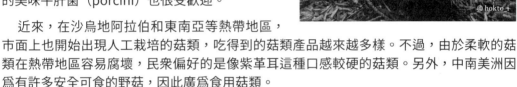

© hokto_t

近來，在沙烏地阿拉伯和東南亞等熱帶地區，市面上也開始出現人工栽培的菇類，吃得到的菇類產品越來越多樣。不過，由於柔軟的菇類在熱帶地區容易腐壞，民眾偏好的是像紫革耳這種口感較硬的菇類。另外，中南美洲因為有許多安全可食的野菇，因此廣為食用菇類。

菇菇小專欄
column

愛菇的民族

日本連菇類的卡通人物都有，無疑是個愛好菇類的民族。此外，以俄羅斯為首的東歐各國、北歐、德國、法國、義大利、西班牙和中國等國家，都非常喜愛菇類。

在這些國家當中，又以俄羅斯人最為愛菇。菇類常出現在俄國文學作品裡，菇類結合傳統工藝的商品小物，例如俄羅斯娃娃等，種類也相當豐富。每年秋天，滿載著菇類的貨物列車「菇菇火車」會從鄉間開往城市，成了俄國秋天獨特的風情畫。附帶一提，俄羅斯人最愛吃的菇類是美味牛肝菌，甚至視它為「菇中之王」，重視至極。

再者，菇類除了食用之外，在中國，它們自古以來就被視為中藥材，與民眾生活息息相關。雲南省甚至還有加入數十種菇類製成的「菌菇火鍋」，已成為當地名菜，這種想嘗遍各種菇類的愛菇心，可謂出類拔萃。

菇類與文學

讓文學大師傾心的菇類魅力

有時是小矮人或小精靈的家，有時是具有神奇魔力的生物，有時是情慾表達的暗喻……。菇類不管是在繪本、小說，甚至是詩歌等各種領域的文學作品當中，都頻頻粉墨登場。

在日本文豪的作品中，也不時有菇類亮相。菇類文學研究專家飯澤耕太郎，就曾在他的著作《菇文學大全》（平凡社新書）當中，提到泉鏡花是日本最具代表性的「菇作家」。根據飯澤的說法，光是計算泉鏡花以菇類為主題所創作的小說，就有《菇舞姬》（1918）、《雨中之鬼》（1923）、《小春之狐》（1924）、《菇講道》（1930）等。他還在書中提到，從這些作品當中，可看出對泉鏡花而言，菇的印象是「隱約有著一種令人意亂情迷的、魔幻的力量」。此外，在《菇舞姬》、《菇講道》當中，都出現了紅菌的化身；在隨筆《真菌》（1923）當中，也提到紅菇有「妖女的艷光」，可看出泉鏡花對紅菇有很特別的感情。再者，飯澤還列舉出了另一位「日本屈指可數的菇作家」，那就是宮澤賢治。在他的作品裡，出現了許多菇的故事橋段，例如在他的名著《要求特別多的餐廳》（1924）裡，收錄了〈橡實與山貓〉、〈鹿之舞的起源〉，還有〈有關早晨的童話式構圖（蟻與菇）〉（收錄在1933年出版的《天才人》第6輯）等。除此之外，以獨到觀點，將菇融入作品裡的作家多不勝數，舉凡正岡子規、三島由紀夫、夢野久作、北杜夫等都是。

菇類與兒童文學

在許多兒童文學的作品中，都曾出現過菇類。這裡會以世界各國的著名童話故事為主，挑選其中一部分與菇相關的作品來介紹。

愛麗絲夢遊仙境與幻覺作用

曾被搬上大銀幕、製成動畫、出版電玩遊戲、角色化，備受全世界讀者喜愛的《愛麗絲夢遊仙境》（1865年），是路易斯‧卡羅（Lewis Carroll，1832-1898）的作品。在這部作品當中，特別值得留意的是第5章〈毛毛蟲的建議〉。這裡有一幕是愛麗絲聽了毛毛蟲說「吃其中一半會長高，吃另一半會變矮」之後，開始吃菇的場景。

故事裡的愛麗絲，用右手撕菇來吃就會變大，用左手撕菇來吃就會變小。這段描寫讓人想到了吃下毒菇後所引發的幻覺。實際上，吃下毒蠅傘之後，的確會產生類似視野扭曲般的幻覺。有一派說法認為，卡羅應該很了解這個事實，並把這些知識運用在描寫愛麗絲的特殊經驗上。

彼得兔與菇類研究

一手創造彼得兔這個經典角色的碧雅翠絲・波特（Beatrix Potter），在踏上童話作家這條路之前，曾有一段時間埋首於菇類的研究。然而，對於當年只是個民間專家、又是女性的波特而言，由紳士們所組成的學會，儼然就是一堵高牆，她所撰寫的論文，得不到合理的評價。波特在失望之餘，放棄了成為真菌學者的這條路，才讓她在繪本作家方面的才華得以盛開。後來，波特筆下細膩的菇類，在繪本中不時以插圖的風貌出現，例如《童謠之書》裡的〈蟾蜍的茶會〉等。此外，波特終其一生都居住在英國湖區，她一生所繪製的「菇菇畫」，現存於當地的阿米特圖書館（Armitt Library），作品多達近 3,000 幅。

《迪奧多與會說話的菇》和隨興菇

《迪奧多與會說話的菇》（1971 年）是一朵會說「昆普！」的藍色菇和撒謊老鼠的故事，藉此傳達不可騙人的寓意。作者李歐・李奧尼（Leo Lionni）在 1980 年發表了《平行植物》這本虛構的生物觀察記錄，書中出現「隨興菇」這種植物。李奧尼用精美的插圖，描繪出「像個巨大的黑松露」、「頂端平坦，有時甚至還被誤以為是一片台地」、「大小不明」等特徵，是一種很獨特，看似真有其事卻絕不存在的虛構菇類。

▲《迪奧多與會說話的菇─一隻老鼠變偉大的故事》（好學社）

菇菇小專欄
column 菇類與地球環境

維繫地球上的生態系

　　「在自然界當中，植物行光合作用，將二氧化碳和水轉為澱粉（有機質），排出氧氣。而動物或人類則是以植物所製造出來的澱粉為食，吸收氧氣，死後再藉由細菌等微生物的力量來分解成無機物，歸於塵土，讓植物再利用。」這種自然界的循環，在學校的「生物」等課程當中都有教，想必很多人都知道。事實上，這個循環體系就是所謂的生態系，而在自然界的這個循環當中，菇類扮演了相當重要的角色。——因為菇類和細菌等微生物一起負責分解植物和樹木，讓它們重歸塵土。換言之，我們甚至可以說：「菇類」維繫了地球上的生態系運作。

菇類的淨化作用

　　菇類主要可分為腐生菌和菌根菌這兩大類，而能在自然界的循環中幫助枯萎的樹木等植物回歸塵土的，是腐生菌類的菇。樹幹主要由纖維素、半纖維素和木質素這三種成分所組成，腐生菌類的菇在分解這些成分後，會將它們轉為養分，並排出二氧化碳和水。其中的木質素更是除了菇類以外，幾乎沒有其他微生物能分解的一種物質。

　　森林裡為何不會滿是倒木，就是因為菇類會分解倒木、淨化森林環境的緣故。

　　此外，已知菇類較植物更能吸收重金屬，也能吸收放射性物質銫，並囤積在菇體內。因此，車諾比核災發生後，歐洲各國紛紛呼籲民眾避免食用野菇；而在福島第一核電廠意外發生後，從附近的野菇當中驗出了高濃度的放射性物質銫，引發軒然大波一事，也是眾所周知的事實。

　　在真菌類學者當中，有些人認為或許可以利用菇類會吸收放射性銫的這項特性，去除環境中的放射性物質，因此積極研究、並提倡以菇類進行生物修復的技術。

何謂生物修復？

　　所謂生物修復（bioremediation），是利用生物本身分解、囤積化學物質的能力，以修復受汙染的自然環境。這項技術，目前已用來淨化受重金屬或有機化合物汙染的土壤及海洋。

　　這裡介紹一個實際的案例。1989 年，阿拉斯加發生了一起油輪觸礁的意外，須處理外漏的原油。當時就運用了一種能將原油分解成水和二氧化碳的微生物，來處理因這起意外而流入海中的原油。儘管這種淨化技術很耗時，且高濃度汙染區還會有微生物死亡，故並非萬能，但因此法不費力，也能以低成本處理大範圍的汙染，所以備受矚目。

　　近年來，將菇類的分解能力運用在生物修復上的研究，已有長足的發展。前面介紹過菇類會分解木質素，事實上，菇類還能分解分子構造與木質素相似的戴奧辛類化合物和 PCB 等物質。通常分解戴奧辛類化合物和 PCB 需在高溫、高壓的環境下，使用多種化學藥劑，相當費時費工。而菇類能輕而易舉地淨化受到這些物質汙染的土壤。

 菇類會釋放環境受汙染的訊息

　　菇類在自然循環中扮演了舉足輕重的角色，但它們的生長，卻也受到自然環境中些微的變化所影響。腐生菌類的菇，會將吸收到的營養積存在菌絲裡。當缺乏糧食、溫度急遽下降，或大雨導致環境濕度驟升等因素，使得菇類的壓力上升時，它們就會製造子實體，傳播孢子。許多菌根菌的菇類是直接從樹木吸收養分，再將土壤中的水分和無機質的養分傳送給樹木。因此，一旦樹木健康衰竭，根部傳送出來的養分就會減少，於是菇類便逐漸不再生長。

　　近幾年，北海道等地日本落葉松爆發大量枯死潮前夕，樹林裡長出了大量菌根菌類的厚環乳牛肝菌。有學者認為，在衰竭的樹林裡會長出這麼多的菌根菌菇類，是因為菇類發現與之共生的樹木健康衰竭，因此製造出子實體，以便緊急傳播孢子。

　　出現菇類大量萌發的情形時，就是生命危在旦夕的警訊。這或許就是菇類在向人類釋放訊息，提醒我們：生態系遭受嚴重汙染，現已瀕臨瓦解。

何謂仙女環

　　有時菇類會在地面上如畫圓或畫弧般列隊生長，形成一幅令人大呼奇妙的光景。這種情形，伴隨著菇類的菌絲在地底下增生繁殖，導致該處的草成圈枯死、或反之大量生長的現象，就稱爲蘑菇圈（菌輪）。蘑菇圈主要是因爲菌絲呈放射狀生長後，就會從較老的中心部分開始逐漸死亡，最後只剩周邊部分有菇類成圈生長所形成。這樣的蘑菇圈年年都會向外擴張，據傳法國曾出現過直徑約 600 公尺的蘑菇圈。一般認爲會形成蘑菇圈的菇類約有 50 種，其中較具代表性的則是硬柄小皮傘。

　　此外，在世界各地都留有許多與蘑菇圈有關的傳說。例如在英文當中，將蘑菇圈稱爲「仙女環」（fairy ring 或 fairy circle），這種說法來自於英國的民間故事，說這是仙女圍成圈跳舞後，把草地踩平的痕跡。蘑菇圈還被當作是通往妖精世界的出入口，穿梭時空的門戶等，也曾出現在莎士比亞的戲劇作品「仲夏夜之夢」當中。在瑞典，相傳只要走進蘑菇圈中，就會任妖精擺布。此外，由於在中世紀歐洲認爲蘑菇圈是女巫聚集之處，因此在斯堪地那維亞稱之爲「精靈之舞」、「精靈圈」、「女巫圈」，而在德國或法國則叫它「女巫圈」。

　　相對於這些認爲是精靈或女巫的說法，奧地利人認爲這是龍所吐出的火燄燒焦地表，所做出來的枯草圈。諸如此類的說法在捷克、斯洛伐克、波蘭和俄羅斯都有，捷克人認爲蘑菇圈是龍休息的地方。儘管現在蘑菇圈的成因已眞相大白，但它的神秘印象，至今依舊深植人心。

▶ 草地上的仙女環

菇類檢定

6

看了前面這麼多的菇類的介紹，你是不是迫不及待想知道自己對菇類了解是屬於—小學生、中學生、高中生還是大學生的程度呢？每一級別的試題皆為 4 選 1 的選擇題，其中小學生、中學生、高中生的考題，全部出自 150 種菇類介紹中；大學生的考題則出自全書裡的內容。現在就來測驗看看！

菇類試題

請從選項當中，為下列各題選出一個最合適的答案，
看看你對菇菇了解有多少。

4級 ── 菇類世界「小學生」

1‧根據現有記錄，目前全世界最大的菇是哪一種？
①日本禿馬勃　②奧氏蜜環菌　③巨大口蘑　④壯麗環苞菇

2‧下列何者是野生的金針菇？
① 　②
③ 　④

3‧野菇採摘之後，要如何保存？
①冷凍　②泡水　③隨便置於角落　④曝曬於陽光下

4‧請問松茸的生活形態是屬於？
①腐生菌　②菌根菌　③寄生菌　④真菌

5‧以下何者為不適合乾燥保存的菇類？
①虎掌菌　②滑菇　③金針菇　④鴻喜菇

6‧下列何者不是毒蠅傘的特徵？
①菌蓋上有白色塊狀鱗片　②菌柄是白色　③菌褶是白色　④菌褶是黃色

7‧請問菇類構造中，支撐菌蓋的圓柱狀部位稱為？
①菌環　②菌柄　③菌托　④菌蓋

8‧下列何者不是菇類當中所含的鮮味成分？
①麩胺酸　②鳥苷酸　③肌苷酸　④蘋果酸

9‧下列何者是松茸喜歡的土質？
①有落葉堆積的柔軟土質　②養分少的乾燥土質　③闊葉林裡帶有濕氣的土壤　④松樹林裡乾淨的沙地

10‧菇類屬於下列哪一個生物族群？
①動物　②植物　③真菌類　④原生生物

11‧下列何者是全球產量最多的菇類？
①蘑菇　②香菇　③金針菇　④草菇

12‧姿態優雅，素有「菇中女王」之稱的是？
①花柄橙紅鵝膏　②潔白拱頂菇　③濕度計硬皮地星　④長裙竹蓀

13‧下列何者是被比擬為鑽石，很受人喜愛的高級食材？
①松茸　②美味牛肝菌　③松露　④紅根鬚腹菌

14‧寄生在昆蟲身上生長的菇類稱為？
①秋蟲冬草　②春蟲夏草　③春蟲冬草　④冬蟲夏草

15‧下列何者是沒有菌蓋的菇？
①三爪假鬼筆　②香菇　③雞油菌　④舞菇

16‧下列各圖呈現的是菌褶與菌柄著生相連處的特徵，請問何者是狹附生？
① 　②
③ 　④

．在歐洲廣為人所食用，有「夏季的美味牛肝菌」之稱的是？
①羊肚菌　②雞油菌　③潤滑錘舌菌
④網狀牛肝菌

．中國首位成功以人工方式栽培出香菇的人是？
①周香菇　②王亦凡　③花冬菇　④吳三公

．下列何者不可食用？
①絲蓋口蘑　②煙色離褶傘　③荷葉離褶傘
④條紋口蘑

．全世界最早發行菇類圖樣郵票的國家是？
①波蘭　②羅馬尼亞　③德國　④英國

．下列何者不是菌根菌類的菇？
①松茸　②舞菇　③玉蕈離褶傘
④毒蠅傘

．下列哪個地區的民眾特別愛吃多汁乳菇？
①長野縣　②櫪木縣　③秋田縣　④茨城縣

．傘菌目的各個部位當中，下列何者不是幼菌期外菌幕所遺留下來的殘骸？
①菌環　②塊鱗　③菌托　④菌褶

．率先使用菌床栽培菇類的人是？
①田中長嶺　②水野雅義　③森本彥三郎
④長谷川五作

．世界上最早成功以人工方式栽培蘑菇（洋菇）的是下列哪一國？
①美國　②英國　③法國　④德國

10．下列哪一位童話作家曾研究過真菌學？
①李歐 · 李奧尼　②路易斯 · 卡羅
③碧雅翠絲 · 波特　④艾瑞 · 卡爾

11．下列何者是乾香菇裡的香氣成分？
①香菇精　②諾卡酮　③香葉醇
④菇醇

12．下列何者不是鴻喜菇可望帶來的健康效果？
①對抗宿醉　②對抗糖尿病　③預防流感
④改善視力

13．確立「木釘菌種接種法」這種將木釘接入原木的人工栽培法，為今日香菇段木栽培奠定基礎的是？
①三村鐘三郎　②山寺信　③米格爾 ·F·托利斯　④森喜作

14．唐朝的楊貴妃相傳食用什麼菇，藉以長保青春美貌？
①香菇　②白木耳　③靈芝　④松茸

15．中國的哪一省是全球知名的菇類產地，且以菌菇火鍋著稱？
①雲南省　②福建省　③四川省　④遼寧省

16．下列何者是別名「柿濕地」的可食菇類？
①細柄絲膜菌　②蜜環菌　③褐環乳牛肝菌
④大囊松果菌

1. 下列何者為有毒的菇類？
①粗柄粉褶菌　②毒粉褶菌　③絲蓋口蘑
④灰褐紋口蘑

2. 下列何者是以春天為主要生長季節的菇類？
①淡紅蠟傘　②美麗珊瑚菌　③晶蓋粉褶菌
④繡球菌

3. 下列何者會生長在人或動物排尿過的地方？
①雙色蠟蘑　②肺形側耳　③橘黃裸傘
④多脂鱗傘

4. 下列何者是最有效的「除蟲」方法？
①在日光下曝曬 5 分鐘　②用薄鹽水泡 20 分〜1 小時　③用報紙包裹後，放在陰暗處 10〜30 分　④對半切開後，靜置 20 分

5. 俄羅斯知名作曲家莫傑斯特・彼得羅維奇・穆索斯基，在 1867 年譜寫的樂曲名稱是？
①菇慶典　②菇盛宴　③菇之夜　④採菇曲

6. 下列何者是不會分化出菌蓋的球狀菇類？
①巨大口蘑　②杯傘　③猴頭菇　④白鬼筆

7. 下列何者極具速效性，食用後幾分鐘內就會出現中毒症狀？
①毒蠅傘　②假褐雲斑鵝膏　③美柄牛肝菌
④簇生盔孢傘

8. 下列有關浸液標本製作方式的描述，何者正確？
①泡水後直接冷凍　②放進滾燙熱水裡
③泡在鹽水裡　④泡在福馬林或酒精裡

9. 下列哪一縣境內有供奉各式菇類，全日本絕無僅有的「菌神社」？
①滋賀縣　②大分縣　③埼玉縣　④群馬縣

10. 下列何者不是大囊松果菌的特徵？
①生長在松果上　②在秋天生長　③菌蓋為土黃色　④多製為湯品等菜餚來品嘗

11. 在藥膳當中，下列何者具有改善乾咳的功效？
①蘑菇　②杏鮑菇　③玉蕈離褶傘
④猴頭菇

12. 發現馬雅文明遺蹟裡，有許多雕刻成菇類造型的石雕──「菇石」的地點在何處？
①巴爾幹半島　②堪察加半島　③猶加敦半島　④馬來半島

13. 下列何者屬於迷幻魔菇？
①火焰肉棒菌　②皺馬鞍菌　③阿根廷裸蓋菇　④喜糞裸蓋菇

14. 下列何者呈萊姆黃色？
①磚紅垂幕菇　②潔白拱頂菇　③珊瑚狀猴頭菇　④黃鱗傘

15. 下列何者是口味與褐色蘑菇相近的食用菇？
①多脂鱗傘　②皺環球蓋菇　③皺馬鞍菌
④美色黏蓋牛肝菌

16. 過去歸類在腹菌亞綱的紅根鬚腹菌，在新分類當中應屬於下列何者？
①壺菌門　②子囊菌門　③接合菌門
④擔子菌門

·請問人類何時開始吃菇？
①古羅馬時代　②巴比倫時代
③舊時器時代　④新時器時代

·請問蘑菇的栽培方法為何？
①菌床栽培　②段木橫切面栽培
③堆肥栽培　④殺菌原木栽培

·透過分解植物遺骸（木材、落葉等）來取得營養的菇類，稱為？
①「腐生菌」　②「菌根菌」　③「寄生菌」
④「黴菌」

·新藝術運動（Art Nouveau）時期最具代表性的創作者──艾米爾 · 加雷(Émile Gallé)製作的菇燈，是以下列何者為靈感？
①狗蛇頭菌　②晶粒鬼傘　③墨汁鬼傘
④發光小菇

·哪個季節是主要的採菇季？
①春　②夏　③秋　④冬

·1975 年，法國料理名廚保羅 · 包庫斯在接受法國最高榮譽獎章時，獻上了一款湯品給法國總統，當時湯裡加入了下列何種菇類？
①美味牛肝菌　②羊肚菌　③雞油菌
④松露

·下列作品當中，何者沒有出現菇類？
①《童謠之書》　②《田鼠阿佛》
③《愛麗絲夢遊仙境》　④《仙境裡》

·下列紅菇科的菇類當中，何者帶有毒性，不宜食用？
①變綠紅菇　②紅汁乳菇　③多汁乳菇
④辣乳菇

9·下列何者不是擔子菌類的菇？
①羊肚菌　②亞側耳　③狗蛇頭菌
④溼度計硬皮地星

10·全球首次成功以人工方式栽培出蘑菇，是在哪一年？
① 1350 年　② 1450 年　③ 1650 年
④ 1850 年

11·下列何者是「菇」的德文？
① sieni　②piltz　③grzyb　④svamp

12·台灣哪裡可以看到「螢光菇」？
①墾丁　②基隆　③阿里山
④日月潭

13·下列何者是採用林地栽培的菇類？
①玉蕈離褶傘　②鴻喜菇　③金針菇
④平菇

14·下列何者是香菇的學名？
① Lentinula edodes
② Omphalotus guepiniformis
③ Amanita muscaria
④ Pleurotus ostreatus

15·自古以來即有許多菇類藥效方面的研究。下列何者曾在古羅馬時代闡述菇類的藥理效果？
①托勒密　②亞里斯多德　③迪奧科里斯
④希波克拉底

16·到戶外踏青採菇時所摘採來的野菇，在烹調前需仔細清洗處理。必要時，還需「除蟲」。以下的除蟲方式哪個是正確的？
① 放在薄鹽水中浸泡 20 分至 1 小時。
② 放置在戶外，蟲蟲自動會離開。
③ 浸在冰水中 1 小時。
④ 直接用火燒烤。

菇菇試題解答

4級－菇類世界「小學生」

1‧答案：②奧氏蜜環菌
在美國奧勒岡州發現的一種蜜環菌。有同樣基因的菌絲體總面積約 8,900 平方公尺，被認爲是全球最大的生物。

2‧答案：①
野生和人工栽培的金針菇，在外觀上的差異極大。②是赤褐鵝膏，③是煙色離褶傘，④是簇生鬼傘。

3‧答案：①
摘採野菇後，最好能當天烹調並食用完畢。採集量較大時，亦可選擇保存。冷凍保存法可分爲兩種，一種是生鮮保存（短期），另一種則是汆燙後連同煮菇水一起保存（中～長期）。

4‧答案：①菌根菌
松茸在植物的菌根上發展菌根，可保護植物根部不致出現乾燥等問題，還負責供應氮和磷等物質。而菌根菌則從植物身上取得養分，形成共生關係。

5‧答案：②滑菇
包裹著一層黏液的滑菇，不適合乾燥保存。要保存滑菇，可選用冷凍保存或裝瓶保存等方法。

6‧答案：④菌褶是黃色
菌褶呈黃色的是一種外觀與毒蠅傘相似食用菇——花柄橙紅鵝膏。毒蠅傘帶有毒性，摘採時應特別留意，切莫混淆。

7‧答案：②菌柄
支撐菌蓋的圓柱狀部位爲菌柄，不過部分菇類沒有菌柄。

8‧答案：④蘋果酸
菇類最主要的鮮味成分是鳥苷酸，但也含有麩胺酸、肌苷酸、琥珀酸等鮮味成分。蘋果酸是在蘋果或葡萄裡所含的成分。

9‧答案：②養分少的乾燥土質
松茸主要生長在赤松林中，養分少的乾燥土質上。因此，採收數量減少的原因之一，在於山林土壤的優養化。

10‧答案：③眞菌類
菇類是眞菌類的生物。同樣的生物群體在黴菌或酵母中也有，但在眞菌類當中，會發展出肉眼可見的大型子實體者，就稱爲菇類。

11‧答案：①蘑菇
全球產量最多的菇類是蘑菇（洋菇）。其中，美國在 19 世紀以後，一直都是全球蘑菇產量的龍頭。

12‧答案：④長裙竹蓀
菌蓋下方有著白色蕾絲狀的菌網，故有菇中女王的美譽。溼度計硬皮地星則是因爲外皮會因水分量多寡而開閉，故有「菇界溼度計」之稱。

13‧答案：③松露
法國產的黑松露有「黑鑽石」之稱，在法國菜當中是高級食材。

14‧答案：④冬蟲夏草
寄生在昆蟲身上生長的菇類，稱爲「冬蟲夏草」。有一派說法認爲，這個名稱的由來，是因爲以往在西藏，人們認爲這種生物在冬天會變蟲，到了夏天則會變草。

15‧答案：①三爪假鬼筆
三爪假鬼筆是由 3~6 枝托腕、菌柄和菌托所組成，特色是托腕內側會散發刺鼻的惡臭。

16‧答案：③
菌褶和菌柄遠遠分開的是狹附生，①是菌褶附著在菌柄上端的波狀彎生，②是菌褶在與菌柄連接處彎曲的「彎生」，④則是菌褶幾乎與菌柄呈一直線的「直生」。

3級－菇類世界「國中生」

1‧答案：④網狀牛肝菌
網狀牛肝菌是美味牛肝菌（porcini）的近緣種，菌蓋厚實，菌柄口感爽脆，和美味牛肝菌一樣，可廣泛運用在各種菜色上。

2．答案：④吳三公
吳三公被奉爲香菇人工栽培之祖，目前在他的故鄉——浙江省慶元縣，仍將他視同神明般奉祀。中國早在日本成功以人工栽培香菇的 500 年前，即開始以人工栽培。

3．答案：④條紋口蘑
咬下後會散發一種特殊的苦、辣味，吃下肚後會引起消化系統的中毒症狀。它很容易與和生長在同一地點的灰褐紋口蘑混淆，需特別留意。

4．答案：②羅馬尼亞
羅馬尼亞在 1958 年，也就是羅馬尼亞人民共和國時期發行的菇類圖樣郵票 5 張套組，是全球最早的菇類郵票。

5．答案：②舞菇
菌根菌指的是與植物建立共生關係的菇類，也因爲這樣的特質，使得它們不易以人工方式栽培。舞菇是透過分解植物遺骸取得營養的一種腐生菌，可以人工方式栽培。

6．答案：②櫪木縣
櫪木縣的民眾將多汁乳菇稱爲「乳茸」（chichitake），是當地很受歡營的食用菇。加入多汁乳菇製成的「乳茸烏龍麵」和「乳茸蕎麥麵」，都是當地的名菜。

7．答案：④菌褶
菌環、塊鱗是幼菌期外菌幕所遺留的殘骸，菌托則是內菌幕和外菌幕的殘骸。菌褶位在菌蓋內側，是製造孢子的部位，會因孢子而變色。

8．答案：③森本彥三郎
他曾赴美及旅歐進行相關研究，後來成爲日本史上首位成功以人工方式　培出蘑菇的人。他在 1928 年時，開發出不需段木的「木屑人工培育法」。

9．答案：③法國
1650 年，在法國巴黎的郊區，一些原本要用來栽種哈密瓜用的廄肥上，長出了蘑菇類的菇，廣受世人矚目。相傳這就是人工栽培蘑菇的起源。

10．答案：③碧雅翠絲・波特
波特在踏上童話作家的道路前，曾埋首於眞菌學的研究。她所畫的 3,000 幅菇菇畫，目前收藏在英國的阿米特圖書館。

11．答案：①香菇精
鮮香菇裡幾乎不含香菇精，但在乾燥後，就成了乾香菇特有的成分。另外，菇醇是松茸的主要香氣成分。

12．答案：④改善視力
據說鴻喜菇具有減緩宿醉，以及促進胰島素分泌、抗流感的功效。

13．答案：④森喜作
木釘是讓香菇的雌、雄孢子結合後，植入圓錐狀木材裡製成。森喜作確立了這套栽培方式後，獲選入政府的「香菇增產五年計劃」，因而得以普及到日本全國。

14．答案：②白木耳
有位被譽爲世界三大美女之一的楊貴妃（719～756），坊間流傳她長期服用白木耳，以常保青春美麗。

15．答案：①雲南省
雲南省是菇類的盛產地。每逢雨季，市場上就會擺出琳瑯滿目的野菇。還有以數十種菇類熬製成湯底，並加入松茸和竹笙爲配料的菌菇火鍋，是當地名菜。

16．答案：①細柄絲膜菌
日本有許多地區都將細柄絲膜菌稱爲柿溼地，但要特別留意，切勿與褐黑口蘑這種毒菇混淆。有毒的褐黑口蘑，菇肉帶有特殊的刺鼻惡臭，嘗起來有苦味。

2級－菇類世界「高中生」

1．答案：②毒粉褶菌
毒粉褶菌帶有毒性，誤食後會引發嘔吐、腹瀉等症狀。類似品種繁多，不易辨別，需特別留意。

2 · 答案：③晶蓋粉褶菌
晶蓋粉褶菌通常會於春天群生在櫻或梅等薔薇科的樹下，可食且滋味不俗，但有些摘採地點可能會受農藥影響，需特別留意。

3 · 答案：①雙色蠟蘑
雙色蠟蘑是一種阿摩尼亞菌，從夏至秋，會生長在人或動物排尿過的地方。此種菇類可以熱炒等方式食用。

4 · 答案：②用薄鹽水泡 20 分～ 1 小時
在烹調野菇前，需先進行前置備料工作。若菇上有蟲，需「除蟲」時，雖有幾種方法可供選擇，但一般最常見的是用薄鹽水泡 20 分～ 1 小時。

5 · 答案：④採菇曲
俄羅斯是知名的愛菇大國，但這首採菇曲的歌詞，寫的卻是一位太太採了毒菇，要交給老邁丈夫的駭人內容。

6 · 答案：③猴頭菇
垂掛著白色針刺的球形外觀，有如山伏胸前的飾品，故在日文中稱爲山伏茸。

7 · 答案：②假褐雲斑鵝膏
①～④都是毒菇，其中又以假褐雲斑鵝膏最具速效性，食用後數分鐘之內就會引發消化系統中毒或痙攣等神經性中毒。

8 · 答案：④泡在福馬林或酒精裡
菇類標本可在力求不變形、變色的情況下保存菇類。而浸液標本是把菇類浸泡在福馬林或酒精裡製成，一般家庭也會把冬蟲夏草泡在白酒裡。

9 · 答案：①滋賀縣
奉祀各式菇類的「菌神社」，位在滋賀縣栗東市。另外，在大分縣和群馬縣境內，也都有「椎茸神社」。

10 · 答案：③菌蓋爲土黃色
大囊松果菌的菌蓋有黑褐、灰褐、白等顏色，以生長在泥土或落葉裡的松果上爲最大的特徵。

11 · 答案：②杏鮑菇
在藥膳當中，杏鮑菇被認爲具有改善乾咳、手腳發熱、夜間盜汗等症狀的功效。

12 · 答案：③猶加敦半島
馬雅文明的「菇石」高約 25 ～ 50 公分，古代馬雅人相信它們具有守護神般的神奇力量。

13 · 答案：③阿根廷裸蓋菇
吃下阿根廷裸蓋菇後，會出現手腳麻痺和幻覺等症狀。它在日本因屬毒品原料植物暨毒品，依法須列管，故發現時切勿摘採回家。

14 · 答案：④黃鱗傘
黃鱗傘呈萊姆黃～硫黃色，表面佈滿纖維狀鱗片。它的食物毒性不明，故宜避免食用。

15 · 答案：②皺環球蓋菇
在日本和歐洲都可摘採到的皺環球蓋菇，滋味猶如褐色蘑菇，可用來煮湯或熱炒。

16 · 答案 ④擔子菌門
一生都會在地底下渡過的紅根鬚腹菌，過去一直被歸類在腹菌亞綱（新分類中已無此項），目前在新版分類中，已將它劃歸擔子菌門牛肝菌目。

1 級－菇類世界「大學生」

1 · 答案：①古羅馬時代
食用菇的歷史非常久遠，目前已知早在西元前 756 ～西元 1453 年盛極一時的古羅馬時代，就有許多菇類菜色。尤其在古羅馬更將菇譽爲「衆神的食物」，據說當時還會讓戰士們吃菇，以增強體力。

2 · 答案：③堆肥栽培
將帶有營養的素材加入稻草和家畜用的墊料，製成堆肥，再讓堆肥發酵後，植入種菌的方式，稱爲「堆肥栽培」。蘑菇、還有中國大陸和東南亞等地常吃的草菇，用的就是這種栽培方法。

3‧答案：①「腐生菌」
依營養攝取方式的不同，可將菇類約略分為三種型態：透過分解植物遺骸（木材、落葉等）來取得營養的菇類，稱爲「腐生菌」；在植物根部發展出菌根，傳送無機物給植物，藉以吸收養分，也就是與植物建構共生關係者，稱爲「菌根菌」；寄生在活體動植物或其他菌類上吸收養分，最終讓宿主死亡者，稱爲「寄生菌」。

4‧答案：③墨汁鬼傘
艾米爾‧加雷「墨汁鬼傘燈」（1900～1904），目前全球還存有三座，其中兩座在日本，分別收藏在三得利美術館（東京都）和北澤美術館（長野縣）。

5‧答案：③秋
秋季是主要採菇季節，日落時間較早。早上出發採菇，並於天黑前回家，是採菇安全的金科玉律。

6‧答案：④松露
這道名爲「季斯卡總統黑松露清湯」（Soupe aux truffes noires V.G.E.），是以法式清湯爲基底，加入切成小丁的蔬菜、雞肉，以及切成圓片的大量松露熬煮。

7‧答案：②《田鼠阿佛》
《田鼠阿佛》雖是李歐‧李奧尼的作品，但有菇類出現的作品，則是以《迪奧多與會說話的菇》和《平行植物》等爲代表。

8‧答案：④變綠紅菇
變綠紅菇完全煮熟後，據說可去除它那獨特的辣味，但因傳出過消化系統中毒的案例，故不宜食用。

9‧答案：①羊肚菌
幾乎所有菇類都有「擔子器」這個製造孢子的細胞，且屬於擔子菌類。而羊肚菌則是具有製造子囊孢子的袋狀細胞，是子囊菌類的一員。

10‧答案：③1650年
當時在法國巴黎郊區，會用廄肥發酵熱能轉化爲熱源的溫床來種植哈密瓜。而這些原本要用來當作溫床熱源的廄肥上，竟長

出了蘑菇，一時備受矚目，後來民衆便開始採集這些菇類來食用。

11‧答案：② piltz
piltz（匹魯茲）在德文當中是菇類的意思。芬蘭文是 sieni（西埃尼）、瑞典文是 svamp（斯凡普），波蘭文則是 grzyb（古吉布）

12‧答案：③阿里山
「螢光菇」在氣溫 25 ～ 30℃的高濕環境下較容易生長，在台灣阿里山光華村是著名的賞「螢光菇」景點。

13‧答案：①玉蕈離褶傘
林地栽培是一種將培養菌絲埋進赤松樹林裡的栽培法，多用於難以人工栽培的菌根性菇類。

14‧答案：① Lentinula edodes
香菇的學名是「Lentinula edodes」，②是同爲光茸菌科的日本臍菇，③是鵝膏菌科的毒蠅傘，④是側耳科平菇的學名。

15‧答案：③迪奧科里斯
迪奧科里斯所撰著的藥學專書《藥物論》，被譽爲歐洲植物學史上最具影響力的書籍。

16‧答案：①放在薄鹽水中浸泡 20 分至 1 小時。
除蟲的方法很多，一般多會選擇將野菇放在薄鹽水中浸泡 20 分至 1 小時。像裂皮疣柄牛肝菌這種菌肉厚的大型菇類，鹽水較難滲透完全，可先在菌蓋及菌柄內側切幾刀。若想沖洗掉野菇上的髒汙，請將野菇在沸騰的熱水裡浸泡 2 至 3 分鐘後，再用冷水清洗即可。切後再洗會讓菇類的鮮味和風味流失，故請務必清洗完畢後再切。

更多練習試題請上「菇類檢定」官方網站查詢：https://www.kentei-uketsuke.com/sys/kinoko/practice_guide

150 種菇類索引

書籍導覽＆參考文獻

書籍導覽

· 《菇文學大全》——飯澤耕太郎◎著　平凡社　2008 年
從文學、漫畫到音樂、電影等各個領域，介紹並剖析日本及全球各種「菇書」，是一本人文類的眞菌學入門書籍。

· 《詳明菇類大圖鑑——地點、菌蓋、菌柄、孢子》——小宮山勝司◎著　永岡書店　2006 年
書中除了收錄菇類攝影師小宮山先生所拍攝的照片之外，還有讓菇類初學者也能輕鬆讀懂的解說，還有菇類別名和地區性稱呼的詳細資訊。

· 《少女寶盒系列菇類》——豐田菇子◎審訂　Graphic 社　2011 年
可欣賞到雜貨、飲食、照片的菇菇型錄，全書充滿了可愛的菇菇商品，是一本讓人光是看看也覺得賞心悅目的書。

· 《談菇菇 LOVE111》——堀博美◎著　山與溪谷社　2010 年
從飲食、歷史、文化、娛樂等各種不同的角度，介紹菇類的魅力。透過廣泛的資訊，傳達菇類的深奧與趣味。

參考文獻、網站

《瞬間成爲採菇專家》井口 潔◎著　小學館 2008 年

《馬上用得著 採菇導覽圖鑑》大海 淳◎著　大泉書店 2005 年

《想想菇類 不可思議的世界》佐久間 大輔◎審訂　LIXIL 出版 2008 年

《採菇入門》生出 智哉◎審訂　山與溪谷社 1996 年

《菇類與黴菌的生物學》原田 幸雄◎著　中央公論社 1993 年

《菇類教我的事》小川 眞◎著　岩波新書 2012 年

《菇類生物學系列 9 菇類與動物 一種地下生物學》相良 直彥◎著　築地書館 1989 年

《菇類的力量 菇式生活法的建議》飯澤 耕太郎◎著　Magazine House 2011 年

《菇博士入門——愉快的自然觀察》根田 仁◎著　全國農村教育協會 2006 年

《菇類博物館》根田 仁◎著　八坂書房 2003 年

《菇之書》corona books 1995 年

《菇類文學仙境》飯澤 耕太郎◎審訂　disk union，DU BOOKS 2013 年

《運用在現代的餐桌上「食物性味表」修訂版》日本中醫食養學會 2009 年

《世界菇類郵票》飯澤 耕太郎◎著 Petit Grand Publishing 2007 年

《增補改訂新版 山溪彩色名鑑 日本的菇類》今關六也、大谷吉雄、本鄉次雄◎著　山與溪谷社 2011 年

《邊養邊玩 93 菇繪本》小出 博志◎著　農山漁村文化協會 2010 年

《邊養邊玩 35 香菇繪本》大森 清壽◎著　農山漁村文化協會 2001 年

《都會裡的菇類 教您在附近公園裡賞菇》大館 一夫◎著　八坂書房 2004 年

《怦然心動的菇菇圖鑑》堀 博美、桝井 亮、吹春 俊光◎ 著　山與溪谷社 2012 年

《勇往直前！就是喜歡菇》小林 路子◎著　日本經濟新聞社 1998 年

《田野絕佳圖鑑 14 日本的毒菇》長澤 榮史◎審訂　學習研究社 2003 年

《froebel 館 最愛大自然 植物 6 菇類》高山 榮 指導　froebel 館 2008 年

《Fungus magicus——菇類文學涉獵精選》飯澤 耕太郎◎著　東洋書林 2012 年

《口袋圖鑑 日本的菇類 262》柳澤 正義◎著文　一綜合出版 2009 年

《防癡呆、治癌症 菇類的功效》水野 卓◎著　成星出版 1999 年

《Magical Mysterious Mushroom Tour》飯澤 耕太郎◎著　東京 kirara 社 2010 年

《隨行版 洞析菇類圖鑑》大海 淳◎著　大泉書店 2005 年

《隨行圖鑑 美味好菇與毒菇》大作晃一、吹春俊光、吹春公子著　主婦之友社 2011 年

《菌活 FACTBOOK》本多 京子◎審訂
《研發概要 以科技進行菇類新品種開發與菇類新應用之研究》北斗股份有限公司 菇類綜合研究所
《日本菇類產地的地區性變化 地球環境研究第 12 期（2010）》松尾 忠直撰立正大學地球環境學系

Alexander Tsarev AGARICUS.RU　http://agaricus.ru/en
JBpress　http://jbpress.ismedia.jp
Korea Agra Food　http://www.agrafood.co.kr
Mushroom Council　https://www.mushroominfo.com/
weblio 字典 菇類圖鑑　https://www.weblio.jp/cat/nature/knkzn
秋田縣立大學　http://www.akita-pu.ac.jp/index.htm
明間民央的網頁　http://cse.ffpri.affrc.go.jp/akema/public
一般財團法人日本菇類中心　http://www.kinokonet.com/kinjin
一般財團法人生物科技產業協會　https://www.jba.or.jp/
今村祐嗣的研究　http://www.imamurawood.com/
岩出菌學研究所　http://www.iwade101.com/
環保議題辭典 Eco Navi　http://www.econavi.org/

ORIENT GENERALIZE 股份有限公司　http://www.orientgeneralize.com/
Kinokkusu 股份有限公司　http://www.kinokkusu.co.jp/
古昌股份有限公司　https://www.furusyo.co.jp/
韓國農水產食品流通公社（aT）　http://www.atcenter.or.jp/atcenter/main/mail.jsp
菇類圖鑑　http://www.kinoco-zukan.net/
菇類 Lab　https://www.hokto-kinoko.co.jp/kinokolabo/
公益財團法人廣島癌症講座　http://h-gan.com/wordpress/
厚生勞働省　http://www.mhlw.go.jp/
國立科學博物館　http://www.kahaku.go.jp/
小牧的遺跡故事　http://www.komakino.jp/
積水化學工業股份有限公司　https://www.sekisui.co.jp/
千葉菌類談話會　http://chibakin.la.coocan.jp/

地方獨立行政法人北海道立綜合研究機構　http://www.hro.or.jp/list/forest/research/fpri/index.html
獨立行政法人森林綜合研究所 九州支所　http://www.ffpri.affrc.go.jp/kys/
長野縣官方網站　https://www.pref.nagano.lg.jp/
國家地理頻道日本官方網站　http://natgeo.nikkeibp.co.jp/
日本靈芝協議會　http://www.nippon-reishi.com/index.html
日本菌學會　http://www.mycology-jp.org/~msj7/index.html

日本特用林產振興會 菇類──科學分析菇類與健康的關係　http://nittokusin.jp/kinoko/
農林水產省　http://www.maff.go.jp/
八丈島觀光入口網站　http://www.8jo.jp/
八丈島觀光休閒研究會　http://www.8jo.org/hro/
北斗股份有限公司　https://www.hokto-kinoko.co.jp/

菇菇小筆記

菇菇小筆記

Magic042

菇菇小學堂
150 種菇類觀察入門圖鑑與小常識

監修｜北斗菇類綜合研究所

譯者｜張嘉芬

美術設計｜許維玲

編輯｜劉曉甄

校對｜連玉瑩

行銷｜石欣平

企畫統籌｜李橘

總編輯｜莫少閒

出版者｜朱雀文化事業有限公司

地址｜台北市基隆路二段 13-1 號 3 樓

電話｜02-2345-3868

傳真｜02-2345-3828

劃撥帳號｜19234566 朱雀文化事業有限公司

E-mail｜redbook@ms26.hinet.net

網址｜http://redbook.com.tw

總經銷｜大和書報圖書股份有限公司 （02）8990-2588

ISBN｜978-986-97227-1-1

初版一刷｜2019.01

定價｜380 元

出版登記｜北市業字第 1403 號

國家圖書館出版品預行編目

菇菇小學堂 150種菇類觀察入門圖鑑
與小常識／北斗菇類綜合研究所 監
修；張嘉芬 譯-- 初版. -- 臺北市：朱
雀文化, 2019.01
面；公分 --（Magic；042）
ISBN 978-986-97227-1-1（平裝）
1.菇菌類2.植物圖鑒

379.1025　　　　　　107023509

About 買書

●朱雀文化圖書在北中南各書店及誠品、金石堂、何嘉仁等連鎖書店均有販售，如欲購買本公司圖書，建議你
直接詢問書店店員。如果書店已售完，請撥本公司電話（02）2345-3868。

●● 至朱雀文化網站購書（http：//redbook.com.tw），可享 85 折起優惠。

●●●至郵局劃撥（戶名：朱雀文化事業有限公司，帳號 19234566），掛號寄書不加郵資，4 本以下無折扣，
5～9 本 95 折，10 本以上 9 折優惠。